Alexander Bernal Cabrera
María Aracely Vera Loor
Danilo Vera Coello

Bacillus endófitos asociados a Theobroma cacao L.

Alexander Bernal Cabrera
María Aracely Vera Loor
Danilo Vera Coello

Bacillus endófitos asociados a Theobroma cacao L.

como agentes de biocontrol de Moniliophthora roreri H.C Evans et al

Editorial Académica Española

Imprint
Any brand names and product names mentioned in this book are subject to trademark, brand or patent protection and are trademarks or registered trademarks of their respective holders. The use of brand names, product names, common names, trade names, product descriptions etc. even without a particular marking in this work is in no way to be construed to mean that such names may be regarded as unrestricted in respect of trademark and brand protection legislation and could thus be used by anyone.

Cover image: www.ingimage.com

Publisher:
Editorial Académica Española
is a trademark of
Dodo Books Indian Ocean Ltd. and OmniScriptum S.R.L publishing group

120 High Road, East Finchley, London, N2 9ED, United Kingdom
Str. Armeneasca 28/1, office 1, Chisinau MD-2012, Republic of Moldova, Europe
Managing Directors: Ieva Konstantinova, Victoria Ursu
info@omniscriptum.com

Printed at: see last page
ISBN: 978-620-8-82635-2

Bacillus **endófitos asociados a** ***Theobroma cacao*** **L., como agentes de biocontrol de** ***Moniliophthora roreri*** **H.C Evans** ***et al***

Autor: Dr. C. Alexander Bernal Cabrera
Coautores: Dr. C. María Aracely Vera Loor
Dr. C. Danilo Vera Coello

2025

RESUMEN

La moniliasis, causada por el hongo fitopatógeno hemibiotrófico *Moniliophthora roreri* H. C Evans et al., es una enfermedad endémica que ataca específicamente a las mazorcas de cacao. Fue observada por primera vez en 1817 en Colombia y en Ecuador se informó en 1916, ocasionando pérdidas estimadas entre el 50 - 80 % del total de la producción anual. La enfermedad se encuentra en América, afectando a los países productores del cultivo a excepción de Brasil y República Dominicana en el Caribe. Considerando el riesgo de introducción de esta enfermedad se elaboró la presente monografía con el objetivo de ofrecer información técnica actualizada sobre algunos de los aspectos más importantes relacionados con la moniliasis, su agente causal y el uso de bacterias endófitas del género *Bacillus*, como medida alternativa de control biológico. Además, resultados obtenidos por los autores en la temática durante más de cinco años de experimentación en una zona productora *de Theobroma cacao* de la provincia de Esmeraldas en Ecuador, son igualmente debatidos, haciendo énfasis en la novedad que tendrán los mismos para el lector, ya que ha sido este último aspecto muy poco tratado por la ciencia en relación con tan importante problema fitosanitario. Finalmente se brindan recomendaciones prácticas para el manejo de la enfermedad, tales como el empleo de las bacterias *Bacillus* sp.33 y *B. amiloliquefaciens* 24 en condiciones de campo.

Alexander Bernal Cabrera

Ingeniero Agrónomo (1996, Universidad Central Marta Abreu de Las Villas, UCLV). Master en Sanidad Vegetal (2001, Centro Nacional de Sanidad Agropecuaria. Universidad Agraria de La Habana). Profesor Titular (2018), Doctor en Ciencias Agrícolas (2007, Universidad Central Marta Abreu de Las Villas, UCLV). Especialista en Fitopatología. Ha sido líder de cinco proyectos de investigación y ha participado en otros cuatro proyectos de investigación en temas relacionados con la Sanidad vegetal. Oponente en Tribunales de Tesis de Doctorados y Maestrías de aspirantes cubanos y extranjeros. Autor de más de 25 publicaciones científicas de carácter nacional e internacional.

Participante en más de 30 Eventos Nacionales e Internacionales. Miembro de la Sociedad Provincial de Fitopatólogos. Premio Academia de Ciencias de Cuba, Premio Anual al Mérito Científico- Técnico, Premio Provincial de la Academia de Ciencias de Cuba.

Teléfonos 281520, (+53) 53940108, email: alexanderbc@uclv.edu.cu

ÍNDICE

1. INTRODUCCIÓN

El cacao (*Theobroma cacao* L.) abarca más de 11,5 millones de hectáreas de superficie agrícola a nivel mundial (Fountain, 2022; Hütz-Adams et al., 2022, FAOSTAT, 2023). Se estima que alrededor del 33 % del cacao se cultiva bajo condiciones de sombra (Somarriba y López, 2018). América Latina y el Caribe (ALC) es la tercera región de cultivo de *T. cacao* a nivel mundial; con 1,2 millones de hectáreas bajo diferentes sistemas de cultivo y sostiene los medios de vida de aproximadamente 1,7 millones de pequeños agricultores (Daymond et al., 2022; Hütz-Adams et al., 2022). Las semillas de cacao son la fuente del chocolate y otros productos derivados (Kongor y Rahadian, 2023).

El cacao en grano fue el 423 producto más comercializado del mundo en el año 2022, con un valor comercial total de 8.29 billones de dólares (Observatorio de la Complejidad Económica (OEC, 2024). Las exportaciones de cacao en grano disminuyeron un 20,3 % entre 2021 y 2022, pasando de 10.4 billones de dólares a 8.29 billones (OEC, 2024). Con un valor de exportación de 3.33 billones de dólares en 2022, Costa de Marfil fue el mayor productor y exportador, seguido de Ghana (1.08 billones de dólares), Ecuador (937 millones de dólares), Nigeria (489 millones de dólares) y Camerún (450 millones) (OEC, 2024).

La producción de cacao en las Américas ha aumentado en general, de 933.000 toneladas (17,8 %) en la campaña 2020-2021 a 963.000 toneladas (20,0 %) en la campaña 2021-2022 (ICCO, 2023). En la campaña 2022-2023, la producción fue de 988.000 toneladas, lo que representa el 19,8 % de la producción mundial (ICCO, 2023). Ecuador, Brasil, Perú, Colombia, República Dominicana, Nicaragua y México son los principales países productores (Hütz-Adams et al. 2022). Ecuador es el productor más importante de América y el tercer mayor productor mundial de cacao en grano, con una producción de 400.000 toneladas (aproximadamente el 8,0 %) de la producción mundial de cacao en grano en la campaña 2022-2023 (ICCO, 2023).

En Ecuador, éste rubro reviste suma importancia ya que la producción agrícola del Cacao Nacional se basa en cacao fino de aroma, denominado sabor "arriba" de alta demanda internacional y que sitúa al país como el primer exportador de cacao con calidad gourmet (ICCO, 2023). El mismo, se concentra un 80 % en las provincias de Guayas, Los Ríos, Manabí, Esmeraldas, El Oro y Santa Elena, mientras que el resto se distribuye en las provincias de

Chimborazo, Bolívar, Cotopaxi, Pichincha, Azuay, Sucumbios, Orellana, Napo y Zamora Chinchipe (MAGAP, 2024).

En la provincia de Esmeraldas, cantón Quinindé, según datos informados por el Banco Central de Ecuador (Banco Central de Ecuador (BCE, 2021), se prevé una expansión en el cultivo del cacao en reemplazo de la palma aceitera (*Elaeis guineensis* Jacq.), debido a las serias afectaciones que están siendo causadas por la enfermedad "Pudrición del cogollo", razón por la que se justificó desarrollar el presente trabajo en esta provincia.

La moniliasis, causada por el hongo hemibiotrófico *Moniliophthora roreri* H.C Evans et al. se considera una de las enfermedades más importantes que afectan la producción y calidad de las cosechas de este cultivo a nivel mundial, debido a su alto poder invasivo y endemismo (Cobos et al., 2024). Este microorganismo fitopatógeno, ataca al fruto en cualquier edad de desarrollo y puede ocasionar pérdidas económicas de hasta el 90 % de la producción (Bailey et al., 2018).

Entre los métodos preventivos para el manejo de la moniliasis se encuentran: manejo de la sombra, las podas, el saneamiento de la plantación, no movilizar las mazorcas esporuladas dentro de la plantación, realizar aplicaciones de fungicidas a base de cobre y azoxystrobina cada 21 días y mantener los drenajes (Suárez, 1993; Ten Hoopen y Krauss, 2016; Solis et al., 2021). Sin embargo, dada la rápida diseminación que presenta *M. roreri*, el uso de bacterias endófitas resulta de gran interés ya que podría representar una alternativa más sostenible económica y ecológicamente (Abo-Koura, 2023).

En los últimos años, se ha informado acerca del gran potencial de microorganismos endófitos asociados a las plantas (organismos que colonizan los tejidos internos: hojas, frutos, tallos y raíces de plantas, sin causar enfermedad), como candidatos para el biocontrol de enfermedades (Abo-Koura, 2023; Anand et al., 2023, Rana et al., 2023). Sin embargo, solo una pequeña parte de la diversidad microbiana se ha descrito y caracterizado.

El uso de bacterias endófitas, especialmente el género *Bacillus,* ha comenzado a recibir atención para el control de las enfermedades del cacao, aunque menos que el uso de hongos antagonistas (Ten Hoopen y Krauss, 2016). Estas bacterias, son capaces de inhibir el crecimiento y germinación de las esporas de los hongos mediante el uso de diversos mecanismos, como la producción de sideróforos (Scharf et al., 2014), de lipopéptidos como iturina, surfactina y fengicina (Goswami et al., 2016) y enzimas líticas tales como: quitinasas o ß-1,3 glucanasas (Vaddepalli et al., 2017).

Por otro lado, diversos autores han demostrado que algunas especies de bacterias endófitas además de producir enzimas y antibióticos que inhiben el crecimiento de agentes fitopatógenos, también emiten compuestos volátiles, que pueden estar implicados en procesos de promoción del crecimiento vegetal (Pandey et al., 2018), desencadenamiento de los mecanismos de inducción de resistencia en plantas (Akram et al., 2016) y/o causar fuertes efectos de inhibición del crecimiento y la germinación de esporas de diversos hongos fitopatógenos (Jha et al., 2018).

En este sentido, Melnick et al. (2008), demostraron que las bacterias del género *Bacillus* eran capaces de colonizar hojas de cacao, principalmente como epífitas, pero también como endófitas. Tres años más tarde, Melnick et al. (2011) en un estudio de seguimiento sobre el uso de bacterias endófitas formadoras de endosporas para el control de enfermedades de cacao, encontraron que en este árbol pueden coexistir múltiples especies de bacterias formadoras de endosporas. Algunas de ellas, exhibieron antagonismo contra los tres agentes patógenos principales del cacao, *Phytophthora* spp., *M. roreri* y *Moniliophthora perniciosa* (Stahel) Aime.

El uso de bacterias endófitas para el control de las enfermedades del cacao todavía es incipiente, sin embargo, dados los resultados interesantes presentados en los pocos documentos disponibles, merece mayor atención. Asimismo, estas bacterias pueden ayudar a conservar la estabilidad y diversidad de las comunidades agrícolas, reducir los insumos sintéticos y ayudar a los agricultores a adaptarse a un mundo con cambios vertiginosos, donde la intensificación agrícola, el uso de la tierra y el cambio climático, aumentan el riesgo de epifitias devastadoras (Crowder y Harwood, 2014).

Por esta razón, los objetivos de este trabajo están encaminados a determinar la presencia de bacterias endófitas del género *Bacillus* asociadas a *T. cacao*, caracterizar cepas de *Bacillus* endófitos con actividad antifúngica *in vitro* frente a *M. roreri* y capacidad quitinolítica, así como evaluar el efecto de la aplicación de las cepas de *Bacillus* seleccionadas en la protección de *T. cacao* frente a *M. roreri* en condiciones de campo.

2. DESARROLLO

2.1. *Theobroma cacao* L.

2.1.1. Generalidades del cultivo

Theobroma cacao L. es un árbol del sotobosque tropical, previamente clasificado en las *Sterculiaceae* y actualmente reconocido como un miembro de la familia *Malvaceae* (Bayer y Kubitzki, 2003). El cacao es de gran importancia económica, pues de sus "semillas" se procesan productos de chocolate.

El cacao es el tercer producto exportado más importante del mundo, después del azúcar y el café, con 4,733 000 000 t producidas en la campaña 2020/2021 (ICCO, 2022). A pesar de su importancia agronómica, el 70 % del cacao es cultivado por pequeños agricultores (Donald, 2004). El centro de origen del cultivo se encuentra al noreste de América del Sur (Alto Amazonas), pero se cultiva en todo el mundo entre el Trópico de Cáncer y el de Capricornio (Bartley, 2005).

Wood y Lass (1987), afirman que existen tres grupos principales de cacao: Criollo, Forastero y Trinitario. El grupo Criollo consiste en el primer cacao domesticado, utilizado por los mayas. Los árboles Criollos producen el chocolate más fino, pero son difíciles de cultivar debido a su alta susceptibilidad a las enfermedades y su bajo rendimiento. Los árboles Forastero, fueron seleccionados y cultivados por los agricultores españoles en América del Sur por su alto rendimiento y mayor resistencia a las enfermedades. Los árboles Trinitarios, son híbridos naturales de los tipos Criollo y Forastero con mayor rendimiento y mayor resistencia a las enfermedades que los árboles Criollo.

El cacao tiene un sistema de ramificación dimórfico, con una periodicidad de crecimiento de brotes (Cook, 1916; Greathouse y Laetsch, 1969; Greathouse et al., 1971). Después de aproximadamente un año de crecimiento, el dimorfismo del brote se inicia mediante el aborto del meristemo apical y la formación de tres a cinco ramas, comúnmente conocido como “horqueta”. La disposición de las hojas depende de la disposición del brote.

Según Wood y Lass (1987), las hojas de cacao en los brotes ortotrópicos (vertical) tienen una disposición alterna, mientras que las hojas en una rama plagiotrópica (horizontal) tienen una disposición en espiral. En general, las hojas de cacao tienen una venación pinnada y estomas localizados únicamente por la superficie adaxial (AboHamed et al., 1983). Las hojas jóvenes son rojas o de color verde claro (dependiendo del genotipo), flexibles y casi translúcidas. A medida que maduran, dejan de expandirse, se vuelve verde oscuro y lignifican.

Las flores se desarrollan en inflorescencias compactas, directamente sobre el tejido leñoso de edad fisiológica adecuada, en todo el tronco y la copa del árbol, adhiriéndose a los cojinetes florales mediante un pedicelo largo y delgado (Wood y Lass, 1987). Casi el 90 % de las flores se abstienen dentro de las 32 h de antesis, a menos que se produzca una polinización exitosa (Aneja et al., 1999). Según Wood y Lass (1987), las flores son polinizadas por moscas voladoras, trips o pulgones.

Los frutos, comúnmente conocidos como mazorcas, se forman después de una polinización exitosa. El 80 % de las mazorcas inmaduras, comúnmente llamadas cherelles, se marchitan antes de la maduración, a causa del adelgazamiento fisiológico o la infección con agentes patógenos.

Las mazorcas que no se pierden como cherelle tardan de cinco a seis meses en llegar a la madurez. Las mazorcas maduras suelen contener de 30 a 40 semillas incrustadas en un mucílago blanco. Al madurar, las semillas cubiertas del mucílago se fermentan durante dos ó tres días para eliminar este recubrimiento. El método de fermentación depende mucho del área donde se cultiva el cacao. Después de la fermentación, las semillas se secan y se tuestan para producir productos de cacao y chocolate (Pang, 2006).

En algunas áreas de Sudamérica, el cacao todavía se cultiva en el agroecosistema forestal tradicional, donde se planta el cacao debajo de árboles de la selva tropical (Schroth et al., 2000). El sistema de agroforestería mantiene una valiosa biodiversidad botánica y además, proporciona un hábitat para insectos, primates, murciélagos y aves (Faria et al., 2006). En tal sentido, este sistema alternativo de siembra, les posibilita a los agricultores intercalar árboles de sombra específicos que proporcionan productos agrícolas adicionales, como frutas y madera.

Varios estudios han demostrado, que los cultivos intercalados con cacao tienen rendimientos netos más altos que el cacao solo, debido a la ganancia adicional de los otros cultivos (Zhang y Motilal, 2016). La clave del rendimiento económico en la producción de cacao es mantener un gran número de mazorcas sanas hasta la maduración. Sin embargo, la agresividad y omnipresencia de los hongos que afectan las mazorcas del cacao lo convierten en un desafío.

2.1.2. Principales enfermedades

Las enfermedades son las limitaciones bióticas más importantes en la producción de cacao, probablemente superior a los impactos combinados de artrópodos y plagas de vertebrados (Ploetz, 2016). Sin embargo, a pesar del consenso sobre la importancia de las enfermedades, las estimaciones de la magnitud de las pérdidas varían de una región a otra.

Bailey y Meinhardt (2016) enumeraron varias enfermedades del cacao, la mayoría de las cuales son causadas por hongos. Los agentes patógenos menos comunes incluyen algas, bacterias, nematodos, plantas parásitas, straminipilas y virus.

Las enfermedades más peligrosas son la moniliasis y escoba de bruja, causadas por los hongos basidiomicetos hemibiotróficos relacionados, *M. roreri* y *M. perniciosa*, respectivamente (Aime y Phillips-Mora, 2005; Evans, 2016). La moniliasis es dos veces más dañina que la mazorca negra y más difícil de controlar que la escoba de bruja (Evans, 2016). Es importante destacar que si la moniliasis o la escoba de bruja se propagaran a los principales centros de producción en África y Asia se producirían pérdidas desastrosas (Evans, 2016).

Otros agentes patógenos tales como: *Phytophthora megakarya* Brasier y M. J. Griffin, *Ceratobasidium* (*Oncobasidium*) *theobromae* (P. H. B. Talbot y Keane) Samuels y Keane, *Ceratocystis cacaofunesta* Engelbr., T. C. Harr. (*C. fimbriata*), *Fusarium decemcellulare* Brick y *Rosellinia* spp.; tienen distribuciones geográficas estrechas, igualmente, pueden llegar a causar serios problemas si se extienden a nuevas áreas de producción. En este sentido, es imperativo que la diseminación del germoplasma de cacao sea segura (End et al., 2014).

2.2. Moniliasis

2.2.1 Origen y distribución

La moniliasis (también conocida como Helada, enfermedad de Quevedo y podredumbre acuosa) es potencialmente la enfermedad más destructiva de todas las que afectan a este cultivo (Evans, 2016). Todas las especies silvestres y cultivadas de *Herrania* y *Theobroma* (es decir, *T. cacao* y *T. grandiflorum*) son susceptibles (Phillips-Mora et al., 2007a; Phillips-Mora y Wilkinson, 2007).

Durante años, Ecuador fue considerado el centro de origen de la enfermedad, debido a que en 1917 se realizó el primer informe oficial del hongo patógeno, cuando el fitopatólogo J. B. Rorer llegó de Trinidad a Ecuador para identificar el agente causal de la disminución en la producción de cacao. Las muestras recolectadas por Rorer fueron enviadas a R. E. Smith en la Universidad de California, allí se identificó el hongo como *Monilia* sp. Phillips–Mora (2003) señaló que la moniliasis del cacao pudo aparecer por primera vez en Colombia en el departamento de Norte de Santander en 1817 y en 1851 en el departamento de Antioquia. Mientras, Phillips–Mora y Wilkinson (2007) encontraron informes de la enfermedad en 1832, 1850 y 1956 para el Norte de Santander y en 1881, 1916 y 1949 para Antioquia.

Según resultados de estudios moleculares, mediante el polimorfismo de la longitud de fragmentos amplificados (AFLP), secuencias simples repetidas (ISSR) y datos de secuencias de la región del transcrito intergénico (ITS), indican que existe gran diversidad genética de *M. roreri* en Colombia; también evidencian que es allí donde se pudo originar la enfermedad, en vez de Ecuador (Phillips-Mora et al., 2007a; Phillips-Mora y Wilkinson, 2007).

A medida que el cultivo del cacao aumentó en el siglo XVIII, también aumentaron las oportunidades para la propagación del agente patógeno. Su movimiento desde estas ubicaciones iniciales probablemente ocurrió durante un largo período de tiempo. Los primeros registros y datos genéticos, confirman que la diseminación de *M. roreri* ocurrió entre los hospedantes silvestres, seguido de la posterior diseminación antropogénica del cacao (Phillips-Mora et al., 2007a, b). La enfermedad se mantuvo en el lado occidental de los Andes hasta 1977, cuando la enfermedad cruzó esta barrera y se extendió a la región amazónica de Ecuador (Evans, 2002).

En 1988, apareció en el área de Bagua Grande en Perú y en el 2011 se confirmó en la región de Alto Beni, Bolivia, causando gran preocupación en Brasil y poniendo a los funcionarios en Porto Velho en alerta máxima (Suarez y Delgado, 1993). Actualmente se encuentra presente en 14 países de Centro y Sudamérica productores de cacao (Colombia, Ecuador, Perú, Bolivia, Venezuela, Panamá, Costa Rica, Honduras, Guatemala, Belice, México, El Salvador, Nicaragua y Jamaica), donde ha ocasionado pérdidas superiores al 90 % de la producción y el abandono de los cultivos (Phillips-Mora et al., 2015; IIPC, 2016; Phillips-Mora y Ten Hoopen, 2017).

2.2.2. Taxonomía de *M. roreri*

Los cambios en la nomenclatura de *M. roreri* han tenido variaciones dramáticas desde la primera identificación tentativa hace casi un siglo. Inicialmente el hongo se denominó *Monilia roreri* Cif. y Par., se incluyó en la clase: Deuteromycetes; orden: Hyphales; género: *Monilia*; especie: *roreri*; debido a que aparentemente carecía de un estado meiótico (Teleomorfo) (Ciferri y Parodi, 1933).

En esta misma línea de pensamiento, años más tarde, Evans et al. (1978) lo renombró *Moniliophthora roreri* debido a que este hongo presentaba características morfológicas afines a los basidiomicetos, como hifas con septos de tipo doliporo y posteriormente, varios investigadores realizaron comparaciones de este hongo con otro hongo patógeno conocido como *Crinipellis perniciosa* y encontraron afinidades genéticas, además de similitudes en su patogenicidad sobre el hospedante, tales como: alteraciones en el balance hormonal, causando hipertrofia e hiperplasia a la mazorca y que ambos afectaban a especies de *Theobroma* spp. y *Herrania* spp.

En este sentido, Evans et al. (2003) clasificaron definitivamente a *M. roreri* dentro del género *Crinipellis* al observar su relación genética mediante un análisis de la región ITS, lo que llevó a una nueva combinación llamada *Crinipellis roreri* y dos años más tarde, Aime y Phillips-Mora (2005), por medio de estudios filogenéticos utilizaron cinco genes nucleares: región de la subunidad ribosomal larga (28S ADNr), subunidad ribosomal corta (18S ADNr), secuencia ITS, subunidad larga del ARN polimerasa ll (RPB1) y factor de elongación 1-α (EF1-α)), que les posibilitó definir a *M. roreri* y *C. perniciosa,* parte de un linaje nuevo y distinto dentro de la familia Marasmiaceae, el cual comprende dentro del género *Moniliophthora* dos especies: *M. roreri* y *M. perniciosa* comb. nov.

Según Evans et al. (2013) este hongo fitopatógeno se clasifica de la forma siguiente:

Reino: Fungi

Phylum: Basidiomycota

Subclase: Agaricomycetidae

Clase: Agaricomycetes

Orden: Agaricales

Familia: Marasmiaceae

Género: *Moniliophthora*

Especie: *Moniliophthora roreri*

2.2.3. Rango de hospedante e importancia económica

Este hongo ataca a 22 especies del género *Theobroma* y 17 del género *Herrania*, el primero de éstos, posee especies de importancia industrial tales como *T. cacao*, el cual se comercializa a nivel mundial (Evans, 1981). La moniliasis es la enfermedad más importante de cacao y representa una amenaza para la producción de este cultivo (Sánchez et al., 2003). En Colombia se generan pérdidas hasta del 40 % de la producción equivalente en términos de grano comercial a 28 000 t; en Centroamérica produjo pérdidas hasta del 80 % (Phillips-Mora et al., 2005) y en México a solo dos años de su detección se estimó que redujo a un 50 % la producción en Tabasco y Chiapas (Arias, 2007).

2.2.4. Síntomas y signos de la enfermedad

Este hongo ataca únicamente a la mazorca (Evans, 1981) y aún se desconoce dónde permanece durante la temporada que no hay producción. El período de desarrollo de la enfermedad abarca desde la infección hasta la manifestación de síntomas externos, etapa que puede tardar de 40 a 60 días. Esto se debe, a que el agente patógeno inicialmente invade el interior de la mazorca y los síntomas externos aparecen cuando la mazorca está completamente desarrollada (Bejarano, 1961). Sin embargo, este período puede acortarse cuando la infección se presenta en mazorcas jóvenes o cuando las condiciones ambientales son óptimas (temperatura de 25 a 30 °C, humedad relativa por encima del 80 % y precipitación entre 400 -1000 mm por año) (Evans, 1981).

El primer síntoma en mazorcas jóvenes es la aparición de una mancha aceitosa, posteriormente se forman protuberancias, gibas o hinchazones que las deforma. Después se puede presentar una mancha irregular de color marrón en la parte central que puede mostrar un halo amarillento, este síntoma se conoce como mancha chocolate (Porras y Enríquez, 1998). Sobre esta se desarrolla el micelio del hongo y sobre este crecen una gran cantidad de esporas, formando una masa de color crema o marrón claro.

Las mazorcas que permanecen adheridas a los árboles pueden presentar esporas hasta los nueve meses que estas se van momificando (Enríquez, 2004). Sin embargo, si las condiciones no son las óptimas, puede que la mazorca infectada logre desarrollarse hasta alcanzar la madurez y presentar síntomas tardíos de la enfermedad (Bejarano, 1961). Por otro lado, cuando la infección se presenta en mazorcas maduras, los síntomas son muy parecidos con la diferencia de que la mazorca puede o no presentar protuberancias.

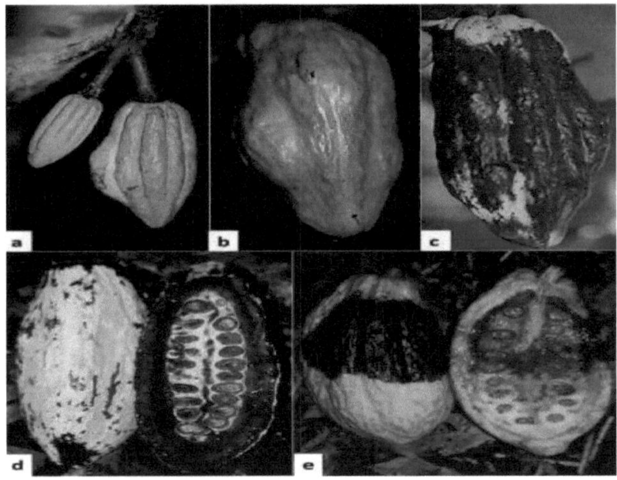

Figura 1. Sintomatología de *Moniliophthora roreri* en fases biotróficas y necrotróficas tempranas. (a) Mazorca joven o gibas (~ 1 mes de edad) con protuberancias; (b) Mazorca verde hinchada y deformada, de 2 a 3 meses de edad. (c) Mazorca de 3-4 meses de edad, que muestra hinchazones y fase inicial de necrosis. (d) Mazorca con pseudostroma en desarrollo, cosechada para mostrar necrosis interna con compactación y destrucción completa de las semillas. e) Lesión externa negra atípica, más típica de infección por *M. perniciosa*, que carece del pseudoestroma externo de diagnóstico, pero con pudrición interna húmeda o acuosa. **Fuente:** Evans (2016)

2.2.5. Dispersión de *M. roreri*

El principal mecanismo de dispersión de *M. roreri* es mediante sus esporas, las cuales pueden ser transportadas por el viento (Phillips-Mora, 2003). *M. roreri* está bien adaptado a este tipo de dispersión gracias a la pared gruesa de sus esporas y a su consistencia polvosa (Evans, 1986), aunque Barros (1981) afirma que estas esporas no pueden viajar grandes distancias en el aire debido a su peso. Otro de los mecanismos más comunes y de mayor impacto es el hombre, quien puede diseminar la enfermedad a grandes distancias, al transportar mazorcas infectadas que no presentan síntomas aparentes de la enfermedad (Evans, 1986).

Los insectos también pueden ser una fuente de transporte de este hongo patógeno, ya que pueden llevar esporas adheridas en partes de su cuerpo o bien en el tracto digestivo y de esta forma pasar la enfermedad de una mazorca a otra (Phillips-Mora, 2003).

2.3. Control de la moniliasis

2.3.1. Prácticas culturales

Fulton (1989) informó que la realización de un buen saneamiento de la plantación es la mejor opción para el manejo de la enfermedad. Evans (1986), planteó que el control cultural mediante la cosecha regular y eliminación de las mazorcas infectadas antes de la esporulación reduce de manera efectiva las fuentes de inóculo y, por lo tanto, disminuye la incidencia de la enfermedad.

Esta práctica ha demostrado ser efectiva en ensayos de campo a gran escala en Ecuador (Desrosiers y Suárez, 1974), Colombia (Barros, 1966; Cubillos y Aranzazu 1979), Costa Rica (Porras et al., 1990), Perú (Soberanis et al., 1999) y más recientemente en México (de la Cruz et al., 2011). En particular, se debe hacer hincapié en un saneamiento minucioso durante el período inter estacional (Leach et al., 2002), con especial énfasis en la eliminación de las mazorcas momificadas colgantes que permita interrumpir el ciclo de la enfermedad al comienzo de la estación lluviosa.

Años más tarde, Amores et al. (2009) y Enríquez (2010) señalaron algunas prácticas culturales tales como:

a) mantener las copas de los arboles no tupidas mediante poda de formación, para que penetre la luz y exista ventilación y circulación del aire.

b) detección y eliminación de mazorcas enfermas incluyendo el pedúnculo.

c) eliminar fuentes de inóculos vecinas o colindantes.

2.3.2. Control químico

Rorer (1926) informó que las aplicaciones frecuentes de fungicidas son necesarias para mantener la protección de la plantación durante el período altamente susceptible de la enfermedad. Los fungicidas protectantes a base de cobre, como el Cu SO_4 (2 kg ha^{-1}) y el Cu $(OH)_2$ (3 kg ha^{-1}) han demostrado ser efectivos en Ecuador, particularmente cuando se combinan con prácticas culturales (Sánchez y Garcés, 2012).

De manera general, el control químico con fungicidas protectantes y sistémicos no es una práctica rutinaria en la producción de cacao debido a los altos costos y riesgos asociados con la contaminación de las semillas de cacao y el ambiente (Ten Hoopen y Krauss, 2016).

2.3.3. Control genético

Rorer (1918) y (1926) durante sus visitas a Ecuador notó que los genotipos Forastero importados eran fuertemente atacados por *M. roreri*, pero la incidencia de la enfermedad era baja en el cacao local Nacional: "Este genotipo de cacao aparentemente tenía resistencia natural". Sotomayor (1965) y más tarde Evans (1981), confirmaron en estudios de inoculación que estos materiales era muy susceptibles, a excepción de EET-233 (Motamayor et al., 2008). Desde entonces, se ha informado poca evidencia de resistencia con todos los genotipos de cacao, así como con todas las colecciones de germoplasma de *Theobroma* y *Herrania*, lo que demuestra susceptibilidad (Evans, 2002).

Un estudio de detección exhaustivo con genotipos de cacao y aislados colombianos de *M. roreri*, demostró un alto nivel de resistencia en ICS-95, CCN-51 y un genotipo de la colección Trinidad (Phillips-Mora et al., 2013), que también fue prometedor en Perú (Evans, 1998).

González y Roble (2014) informaron a los genotipos de cacao IMC-67, PA-169, P-7, EET-233, UF-676, UF-296 con determinados grados de tolerancia/resistencia a la moniliasis.

Los principales genotipos que se cultivan en Ecuador son: EET-233, EET-387, CCN-51, EET-800, EET-801 y EET-802. Este último, recientemente liberado y muy demandado por su alta producción en las zonas de escasa precipitación. El PMA-12 se distribuye en la zona de Santo Domingo, Esmeraldas, Manabí y Zamora Chinchipe y el T-11 es un clon experimental, que se liberará el próximamente para el norte de la provincia de Esmeraldas por su alta producción y tolerancia a moniliasis (INIAP, 2023).

2.3.4. Control biológico

El control biológico se define como el uso de organismos vivos o de sus productos, para suprimir la densidad de población o el impacto de un organismo plaga específico, haciéndolo menos abundante o dañino (Ten Hoopen y Krauss, 2016). Los mecanismos a través de los cuales los microorganismos pueden ejercer control de la enfermedad son muchos y diversos. Cuatro mecanismos claves están involucrados, o en ocasiones aparecen juntos: parasitismo, antibiosis, competencia por recursos y resistencia inducida.

El control biológico de *Moniliophthora* spp., se ha llevado a cabo mediante dos estrategias fundamentales de biocontrol, inundativo y clásico. Los enfoques inundativos se han utilizado en Perú, Panamá y Costa Rica con resultados variables (Krauss et al., 2006).

En Perú, *Clonostachys rosea* (Preuss) Mussat nativo redujo la moniliasis en un 15-25 % en condiciones de campo. Las mezclas de diferentes especies de este antagonista local controlaron simultáneamente las tres enfermedades de la mazorca de cacao (moniliasis, escoba de bruja y pudrición negra), a diferencia de cuando fueron aplicados individualmente, además de producir aumentos en los rendimientos de hasta 16,7 % (Krauss y Soberanis, 2002). Sin embargo, la eficacia de control varió para las diferentes enfermedades.

Lo anterior explica en parte, a través de la biología de los agentes fitopatógenos, si se considera, en primer lugar, los hongos fitopatógenos *M. roreri* y *M. perniciosa* como organismos que poseen paredes celulares constituidas principalmente por quitina, mientras que el oomiceto *Phytophthora* tiene paredes celulares constituidas principalmente por celulosa. Así, para un control simultáneo, los agentes de control biológico deben ser capaces de metabolizar tanto la quitina como la celulosa.

En segundo lugar, *Moniliophthora* spp., exhibe una fase biotrófica en la que germinan las esporas después de llegar a la superficie de la mazorca de cacao y posteriormente penetran en el tejido hospedante. La fase biotrófica es seguida por una fase necrotrófica dentro de las escobas y/o mazorcas durante la cual éstas se destruyen desde adentro hacia afuera. Contrariamente a *Moniliophthora* spp., *Phytophthora* spp., después de la entrada estomática o la penetración directa, comienzan directamente a necrosar los tejidos de la mazorca y la destruyen desde el exterior hacia el interior.

En consiguiente, un agente de control biológico epifítico tiene probablemente una ventana más grande de oportunidad para controlar *Phytophthora* que *Moniliophthora* spp. Por lo tanto, un argumento a favor del uso de los agentes de control biológico endofíticos es que probablemente tienen una oportunidad más grande para controlar *Moniliophthora* spp. Además, los endófitos están menos expuestos a las condiciones ambientales cambiantes (Backman y Sikora, 2008) y, al infectar los tejidos del cacao, desencadenan respuestas moleculares asociadas con el estrés y la defensa de las plantas (Bailey et al., 2006).

Al respecto, ensayos de campo realizados en Costa Rica, donde se utilizó una única cepa y una mezcla de agentes de control biológico aislados localmente no redujeron significativamente la incidencia de la enfermedad (Hidalgo et al., 2003). Los ensayos de seguimiento en Costa Rica que utilizaron los aislamientos peruanos no redujeron significativamente la incidencia de moniliasis (Bateman et al., 2005).

En Panamá, al utilizar mezclas de agentes de control biológico locales y *Trichoderma asperellum* Samuels, Lieckfeldt & Nirenberg peruano, cepa Tr-4, se logró reducciones significativas en el número de mazorcas esporuladas, pero con respecto a la incidencia de la enfermedad, los datos fueron menos concluyentes (Krauss et al., 2006).

Debido a los resultados no satisfactorios con el enfoque inundativo y con base en los resultados positivos de dos ensayos (Holmes et al., 2006), la atención se desplazó hacia el uso del endófito *Trichoderma ovalisporum* Samuels & Schroers (cepa TK1). En 2003 se estableció en Costa Rica un ensayo de campo de tres años de duración. La cepa TK1 se aplicó en agua, con adhesivo o adyuvante, o en combinaciones secuenciales con fungicidas (Krauss et al., 2010). En el año final de los ensayos, la cepa TK1 mejoró los rendimientos de mazorcas sanas (absolutas y relativas). Este fue el primero de los ensayos costarricenses (Hidalgo et al., 2003; Bateman et al., 2005), en el cual el agente de control biológico logró una mejora significativa del rendimiento. Existían indicios de que las formulaciones que se utilizaron tenían un efecto sobre la eficacia del biocontrol, sin embargo, se priorizaron los ensayos de seguimiento centrados en la mejora de la formulación. Crozier et al. (2015), que demostró que, en el promedio de 2 años, *T. ovalisporum* TK1 formulado en un aceite de maíz al 50 % (v/v), lecitina al 2,5 % (v/v) y caldo de papa dextrosa al 1 % (m/v), aumentó el rendimiento a 30,7 % de mazorcas sanas, comparado con 9,7 % en el control con agua.

En este sentido Mejía et al. (2008), utilizaron endófitos de cacao aislados de hojas de esta planta en un bosque nativo de Panamá. Si bien no se registró ninguna reducción de moniliasis en un ensayo de campo durante 7 meses, con inoculaciones de pulverización única para un aislado de *C. rosea*, la esporulación de *M. roreri* se redujo significativamente. Por las razones expuestas anteriormente, se puede esperar que el método de inoculación del biocontrol funcione mejor, si se utilizan aislados que co-evolucionan con el hongo fitopatógeno.

Desde esta perspectiva de pensamiento, Carrera (2016) determinó que la aplicación de *Trichoderma viride* Pers. (UEA-Tv3), y la combinación de *T. viride* más *Trichoderma harzianum* Rifai. (UEA-Th1*)*, mostraron una eficacia técnica superior al 69,94 % en el control de *M. roreri* sin diferencias con el control químico, en condiciones de campo.

2.4. Microorganismos endófitos

2.4.1 Origen y evolución

Durante los últimos 30 años, el término endófito ha aparecido cada vez con más frecuencia en la literatura científica. Aunque el origen del término proviene del siglo XIX, cuando Antón de Bary lo utilizó para describir hongos que viven dentro de los tejidos de una planta, su significado actual es diferente del original (Hardoim et al., 2015). Hoy en día, es un hecho bien establecido que las plantas son hospedantes de muchos tipos de endófitos microbianos, incluyendo bacterias, hongos, arqueas y eucariotas unicelulares, como algas y amebas (Bacon y Hinton, 2014).

A través de los años, diferentes autores han propuesto definiciones más complejas, coincidiendo en que la naturaleza endofítica permite colonizar tejidos internos de plantas sin producir signos visibles de enfermedad (Saikkonen et al., 2004). Aunque esta definición endofítica ha sido la base de muchas investigaciones en la mayoría de los laboratorios en el mundo durante las últimas dos décadas, no permite distinguir claramente entre endófitos y fitopatógenos, lo que conlleva a varios investigadores a plantearse interrogantes. Por ejemplo, ¿deben los organismos fitopatógenos ser considerados endófitos o no, aun cuando hayan perdido su virulencia?

Recientemente, se informó la bacteria endófita *Pseudomonas fluorescens* Migula, como perjudicial para las condiciones más diversas (Kloepper et al., 2013). Esto indica que los potenciales mutualistas de plantas pueden llegar a ser deletéreos para sus hospedantes. Los endófitos no deben ser dañinos para estos últimos, pero ¿qué pasa con la nocividad para otras especies, por ejemplo, cuando las bacterias que colonizan los compartimentos internos de las plantas son perjudiciales para los seres humanos? (van Overbeek et al., 2014).

Los endófitos más comunes se tipifican como comensales, con funciones desconocidas o aún desconocidas en las plantas y los menos comunes son aquellos que tienen efectos positivos (mutualistas) o negativos (antagónicos) en las plantas (Neves et al., 2017). Sin embargo, estas propiedades se prueban con frecuencia en una sola especie de planta o dentro de grupos de genotipos de plantas estrechamente relacionados, pero rara vez sobre un espectro taxonómicamente amplio de especies de plantas. Además, las condiciones ambientales en las que se estudian las interacciones planta-endófito son a menudo bastante estrechas. Las comunidades endofíticas bacterianas y fúngicas se investigan comúnmente por separado, pero la interacción entre ambos grupos dentro de las plantas puede convertirse en un nuevo campo de investigación (Frey-Klett et al., 2011). Teniendo en consideración los cuestionamientos referidos sobre la definición actualmente aplicada de endófitos, Hardoim et al. (2015) informaron que el término "endófito" debe referirse sólo al hábitat, no a la función, y, por lo tanto, ser más general e incluir todos los microorganismos que durante todo o parte de su ciclo de vida colonizan tejidos internos de las plantas.

2.5. Bacterias endófitas como agentes de biocontrol de enfermedades del cacao

Las bacterias han sido informadas como agentes de biocontrol para microorganismos fitopatógenos en diversos cultivos (Sharma et al., 2009; Maksimov et al., 2011). Los mecanismos de control biológico utilizados por las mismas incluyen la competencia por nutrientes y nichos, antibiosis y la resistencia sistémica inducida (ISR, por sus siglas en inglés) (Ten Hoopen y Krauss, 2016).

La colonización de las plantas por bacterias produce diferentes modificaciones en la pared celular como la deposición de calosa, pectina, celulosa y compuestos fenólicos que inducen la formación de una barrera estructural en el sitio potencial de ataque del hongo fitopatógeno (Benhamou, 2000). Otro de los mecanismos común de respuesta de las plantas colonizadas por las mismas frente a los agentes fitopatógenos es la inducción de proteínas relacionadas con la defensa como peroxidasa, quitinasa y β-1,3 glucanasa (Fishal et al., 2010). Lo más probable es que exista una combinación de varios mecanismos de biocontrol por muchas bacterias.

La hipótesis anterior queda sustentada en que algunos compuestos antimicrobianos están involucrados tanto en la antibiosis como en la activación de Resistencia Sistémica Inducida (SIR-Systemic Induced Resistance, por sus sus siglas en inglés) (Ongena et al., 2007).

La íntima asociación de bacterias con las plantas ofrece una oportunidad para entender su potencial de aplicación en la protección fitosanitaria y el control biológico. Diversidad de bacterias viven en hojas, tallos, raíces, semillas y frutos de las plantas que son aparentemente neutras en términos de sanidad vegetal (Surette et al., 2003). Sin embargo, varios estudios han sugerido que muchas asociaciones de endófitos no son neutrales en absoluto, sino que son beneficiosos para las plantas (Bailey et al., 2006).

La eficacia de los microorganismos endófitos como agentes de control biológico depende de muchos factores tales como: la especificidad del hospedante, la dinámica poblacional, el patrón de colonización, la capacidad de moverse dentro de los tejidos del hospedante y la capacidad de inducir resistencia sistémica. Por ejemplo, la cepa de *Pseudomona* sp. PsJN una bacteria endófita identificada en plantas de cebolla (*Allium cepa* L.), inhibió el crecimiento del hongo *Botrytis cinerea* Pers., al reducir su crecimiento y colonización de los tejidos de estas plantas (Barka et al., 2002).

El género *Bacillus* es uno de los grupos más estudiados y de mayor uso como agente de biocontrol por la capacidad colonizadora en raíces y efectiva esporulación (Hassan et al., 2010). Dentro de este género se han identificado una diversidad de especies capaces de producir un sin número de antibióticos los cuales tiene una amplia variedad estructural y funcional (Stein, 2005; Pérez-García et al., 2011).

2.6 El género *Bacillus*. Clasificación

Las especies de *Bacillus* pertenecen al Reino Bacteria; Filo *Firmicutes*; Clase *Bacilli*; Orden *Bacillales*; Familia *Bacillaceae* (Maughan y van der Auwera, 2011).

2.6.1 Principales características

Entre las características del género *Bacillus* destaca su crecimiento aerobio o en ocasiones anaerobio facultativo, Gram positivas, morfología bacilar, movilidad flagelar, y tamaño variable (0,5 a 10 µm), su crecimiento óptimo ocurre a pH neutro, presentando un amplio intervalo de temperaturas de crecimiento, aunque la mayoría de las especies son mesófilas (temperatura entre 30 y 45 °C), su diversidad metabólica asociada a la promoción del crecimiento vegetal y control de agentes patógenos (Tejera-Hernández *et al.*, 2011), además, destaca su capacidad de producir endosporas (ovales o cilíndricas) como mecanismo de resistencia a diversos tipos de estrés (Calvo y Zúñiga, 2010; Layton et al., 2011; Tejera-Hernández et al., 2011).

2.6.2 Identificación de *Bacillus* spp.

La identificación de *Bacillus* sp. se realiza de manera fenotípica (macroscópica, microscópica), bioquímica y molecular. Los métodos fenotípicos se basan en las características morfológicas del microorganismo. Por otro lado, la identificación bioquímica permite determinar las características metabólicas del microorganismo. Mientras que, la identificación molecular se basa en el análisis del gen 16S ADNr, uno de los genes más utilizado en estudios de diversidad bacteriana (Bou et al., 2011).

Identificación morfológica

La identificación macroscópica se basa en observar el crecimiento de una colonia pura en un medio de cultivo sólido y en el aspecto de la colonia para la identificación de ésta. Las características macroscópicas de cada bacteria muestran un indicio del grupo bacteriano al que podrían pertenecer, así cada colonia presenta colores típicos, sus bordes pueden ser ondulados o lobulados, la elevación puede ser plana o convexa, entre otros (Forbes et al., 2007).

Las colonias del género *Bacillus* tienen forma irregular, elevación planoconvexa y el borde ondulado. El color de las colonias es blanquecino en Agar nutritivo y el tamaño puede variar entre grandes y medianas (Realpe et al., 2002).

La identificación microscópica de la morfología celular bacteriana es importante porque es el primer paso para identificar a estos microorganismos. Con la ayuda del microscopio y el uso de la tinción Gram se puede observar las características morfológicas de los microorganismos que no se puede percibir a simple vista (Harvey et al., 2008). *Bacillus* es un bacilo Gram positivo formador de endosporas, las cuales no se tiñen porque son impermeables a varios colorantes (Willey, 2008).

Reacción enzimática: Prueba de catalasa

Las pruebas para determinar la presencia de una enzima específica son importantes para la identificación rápida de un microorganismo, aunque no proporcionen la información necesaria para determinar la especie de una bacteria, ayudan a diferenciar entre los diferentes géneros bacterianos Gram positivos. La prueba de catalasa es un ejemplo ya que la enzima catalasa se encuentra presente en todas las bacterias que tienen citocromos y descompone peróxido de hidrógeno en oxígeno y agua. Si un microorganismo es catalasa positiva se observará una efervescencia al contacto con peróxido de hidrógeno y si es catalasa negativa no hay reacción. El género *Bacillus* es catalasa positiva (Harvey et al., 2008).

Identificación molecular

La identificación molecular microbiana se realiza mediante el uso de cualquier técnica molecular que permita determinar los patrones de diversidad genética de los microorganismos de interés (Raina et al., 2019).

El gen ribosomal 16S, también denominado ADN ribosomal 16S, es una herramienta fundamental en las investigaciones moleculares de organismos procariotas porque permite establecer relaciones evolutivas y taxonomía entre bacterias, debido a que este gen tiene regiones altamente conservadoras y pocas regiones variables, además de ser un gen esencial en el ribosoma de las bacterias (Clarridge, 2004).

Las ventajas al usar este gen ribosomal están dadas por la posibilidad de: identificar microorganismos que no pueden ser identificados fenotípicamente, identificar bacterias que no pueden ser cultivadas, bacterias que no se pueden diferenciar después de haber realizados pruebas bioquímicas, bacterias de crecimiento lento y que tienen requerimientos nutricionales exigentes (Rodicio y Mendoza, 2004).

2.6.3 Principales metabolitos involucrados en el biocontrol

Las especies del género *Bacillus* son conocidas por producir lipopéptidos (LPS), los cuales tienen efectos antifúngicos, no sólo por la inhibición de crecimiento de microorganismos patógenos, sino porque también facilitan la colonización en la raíz por estas bacterias, mejorando así la propagación de estas como agentes de biocontrol y permitir reforzar el sistema de resistencia en la planta hospedante (Ongena y Jacques, 2008; Arguelles-Arias et al., 2009; Jourdan et al., 2009). Estudios moleculares han indicado que moléculas de LPS actúan como biocontrol frente a enfermedades que se presentan a nivel vegetal (Chen et al., 2009; Chaisit et al., 2010; Arrebola et al., 2010).

Las bacterias endófitas pueden ser usadas como agentes de biocontrol mediante la producción de antibióticos (Ezra et al., 2004), y producción de enzimas como hidrolasas (Chernin y Chet, 2002), quitinasas (Frankowski et al., 2001), laminarinasas (Lim et al., 1991) y glucanasas (Singh et al., 1999). Por otra parte, estas han sido informadas como inductoras de resistencia sistémica (IRS) (Ait Barka et al., 2000, 2002). Asimismo, diversas bacterias endófitas facilitan el proceso de fitoremediación (van Aken et al., 2004).

Ren et al. (2013), encontraron que la especie *Bacillus pumilus* tiene la capacidad de inhibir *in vitro* los hongos patógenos *Cytospora chrysosperma* Pers ex. Fr., *Phomopsis macrospora* Kobayshi & Chiba y *Fusicoccum aesculi* Corda. Cepas de *B. pumilus*, las que producen enzimas líticas como las celulasas y las proteasas.

También ha sido comprobado que *B. pumilus* (cepa maiiim4) tiene actividad inhibidora frente a los hongos fitopatógenos *Rhizoctonia solani* Kühn, *Pythium aphanidermatum* (Edson) Fitzp. y *Sclerotium rolfsii* Sacc., mediante la producción de un compuesto llamado pumilacidina que presenta una alta bioactividad frente a *P. aphanidermatum* (Melo et al., 2009). En los últimos años, *B. pumilus* se ha utilizado como agente de biocontrol para la protección de cultivos contra enfermedades fúngicas y se considera una alternativa al uso de fungicidas químicos (Araújo et al., 2002; Sari et al., 2007; Melo et al., 2009).

Melnick et al. (2008) demostraron que las bacterias del género *Bacillus*, eran capaces de colonizar hojas de cacao, principalmente como epífitas, pero también como endófitas. Su presencia condujo a una disminución significativa de la severidad de la enfermedad cuando las hojas fueron inoculadas con *Phytophthora capsici* Leonian. Además, la supresión de *Phytophthora* por *Bacillus cereus* (aislamiento BT8) sólo se produjo en hojas no colonizadas después de las aplicaciones bacterianas y persistieron en hojas más viejas de plantas colonizadas.

Según Melnick *et al.* (2008), estos resultados son fuertemente indicativos que la resistencia a la enfermedad es inducida sistemáticamente y de que no estaban implicados efectos antagónicos directos. Aunque la supresión de la enfermedad fue sostenible (> 68-70 días) después de una sola aplicación, Melnick *et al.* (2008) plantearon que las aplicaciones frecuentes son necesarias a fin de mantener controlada la enfermedad, pero probablemente menores que las aplicaciones de fungicidas.

En un estudio de seguimiento sobre el uso de bacterias formadoras de endosporas para el control de enfermedades de cacao, Melnick et al. (2011) encontraron que en cacao pueden coexistir varias especies bacterianas formadoras de endosporas. Algunas de estas bacterias exhibieron antagonismo contra los tres agentes patógenos principales del cacao, *P. capsici*, *M. roreri* y *M. perniciosa*.

Muchas especies del género *Bacillus* son quitinolíticos y podrían ser antagónicos directamente sobre hongos fitopatógenos tales como *M. roreri* y *M. perniciosa* (Melnick et al., 2011). Sin embargo, otras probablemente sean menos eficaces contra la pudrición negra de la mazorca, dado que *Phytophthora* tiene paredes celulares compuestas principalmente por celulosa.

El uso de bacterias endófitas, en el control biológico de las enfermedades del cacao, podría proporcionar beneficios adicionales a los productores, relacionados con la reducción de los costos de producción y/o una mayor vida útil del bioproducto (Yánez-Mendizábal et al., 2012).

3. PROCEDIMIENTOS

La investigación se desarrolló en el laboratorio de Fitopatología del Departamento de Protección Vegetal de la Estación Experimental Tropical Pichilingue perteneciente al Instituto Nacional de Investigaciones Agropecuarias (INIAP), Ecuador, durante el período comprendido, entre junio de 2017 a junio de 2021. La Estación se encuentra ubicada en el km. 5 vía Quevedo, perteneciente al Cantón Mocache, provincia Los Ríos, geográficamente a un 1° 05' de Latitud Sur y 79° 26' de Longitud Oeste, a una altitud promedio de 75 msnm.

Cepa de *Moniliophthora roreri*

La cepa de *M. roreri* empleada se aisló a partir de mazorcas del genotipo de cacao EET-103 tipo Nacional (Susceptible), con síntomas típicos de moniliasis y pertenece a la colección de cultivos microbianos del laboratorio de Fitopatología de la Estación Experimental Tropical Pichilingue. Quince días antes de realizar los experimentos de confrontación, fue necesario multiplicar el hongo fitopatógeno *M. roreri* en medio de cultivo Papa-Dextrosa-Agar (PDA, Difco) a 25±1 ºC y fotoperíodo de 12 h luz/12 h oscuridad, con el fin de obtener abundante micelio y esporas.

3.1 Determinación de la presencia de bacterias endófitas del género *Bacillus* asociadas a *T. cacao*

Las prospecciones de las potenciales bacterias endófitas se realizaron en fincas de producción de cacao que no habían sido sometidas a la aplicación de fungicidas, con diferentes edades y ubicadas en Parroquias dentro del cantón Quinindé, provincia de Esmeraldas (Tabla 1). Estas se encontraban plantadas con el genotipo de cacao *Criollo* tipo Nacional.

En cada finca se colectaron mazorcas sin síntomas aparentes de la enfermedad y cojinetes florales mediante un muestreo al azar. Las muestras, previamente etiquetadas, se trasladaron envueltas en bolsas de papel al laboratorio de Fitopatología para ser procesadas según lo sugerido por Melnick et al. (2011) y Baralt et al. (2012).

Tabla 1. Descripción de los sitios de colecta en el cantón Quinindé, provincia de Esmeraldas

Parroquias	Propietario de las fincas	Latitud Norte	Longitud Oeste	Altitud (msnm)	Edad del cultivo (años)
Malimpia	Sra. Maura Solis	0°67′45′′	0°49′44′′	95	13
	Sr. German	0°67′55′′	0°48′56′′	98	12
	Sr. Walter Alcivas	0°67′56′′	0°48′23′′	98	1½
Rosa Zarate	Sr. Jairo Gómez	0°18′35′′	79°24′57′′	123	13
	Sr. Quintana	0°18′49′′	79°25′32′′	118	14
	Sr. Manuel Brizeño	0°19′29′′	79°26′23′′	116	35
La Unión	Sra. Marta Díaz	0°7′44′′	79°24′2′′	193	40
	Sr. José Cunalata	0°8′4′′	79°23′4′′	181	5
	La Marujita	0°13′38′′	79°24′46′′	154	10

Procesamiento de las muestras

Los frutos (mazorcas) se sometieron a un proceso de lavado con agua corriente y detergente por cinco minutos. Posteriormente, se realizaron los cortes de secciones de tejidos sanos (aproximadamente 0,42 cm^3) del mesocarpio y el endocarpio de las mazorcas, así como, secciones de tejido (aproximadamente 0,5 cm^3) del pedicelo de los cojinetes florales. Luego, bajo cámara de flujo laminar se procedió a la desinfección de los tejidos con hipoclorito de sodio al 0,525 % por tres minutos, seguido con alcohol al 70 % por dos minutos y por último lavado con agua estéril por un minuto. Las muestras se colocaron sobre papel absorbente estéril y se dejaron secar (Melnick et al., 2008, 2011).

3.1.1 Aislamiento de bacterias endófitas del género *Bacillus*

Se tomaron los tejidos de la mazorca (mesocarpio y endocarpio) previamente desinfectados y se colocaron en tubos de ensayo (150 x 22 mm) con 5 ml de tampón fosfato de potasio estéril 0,1 M (pH 7) e incubaron a 75 °C en baño María (marca: Memmert, Gmbh, Schwabach, Alemania) durante 15 minutos. Luego se procedió a la trituración de los tejidos y siembra en medio de cultivo Agar triptona soya (TSA, Difco) por el método de diseminación o extensión con la ayuda de una espátula Drigalsky metálica estéril, similar a lo sugerido por Melnick et al. (2011). Las colonias que presentaron características macroscópicas diferentes, se subcultivaron en medio de cultivo TSA e incubaron a 28±1 °C por 24 h, hasta su posterior verificación de crecimiento.

Verificación de la presencia de endosporas

La presencia de bacterias con endosporas, se realizó, sembrando las bacterias en tubos de ensayo con 5 ml de medio de cultivo Caldo Triptona Soya (TSB, Difco) e incubadas a 28±1 °C por tres días. Seguidamente, los cultivos se incubaron a 75 °C durante 15 min.

Finalmente, los cultivos bacterianos se extendieron en placas de Petri con medio de cultivo TSA bajo condiciones de incubación de 28±1 °C por 24 h, hasta observar crecimiento bacteriano. Este procedimiento fue repetido para confirmar los resultados. Del mismo modo, se realizaron tinciones de endosporas mediante el método propuesto por Schaeffer y Fulton (Hussey y Zayaitz, 2007), mediante observaciones al microscopio óptico (Karl Zeiss, Alemania) con aceite de inmersión y aumento de 1000X.

3.1.2 Caracterización fenotípica

Se describieron los caracteres morfológicos (forma, agrupación y respuesta a la tinción) a través de tinciones simples y tinción de Gram, mediante observaciones al microscopio óptico (Karl Zeiss, Alemania) con un aumento 1000X. Los aislados que resultaron ser bacilos Gram positivos se les realizó la prueba de la enzima catalasa en portaobjetos lisos con Peróxido de hidrógeno al 3 % (Reiner, 2010).

3.1.3 Identificación molecular

La extracción del ADN de los aislados de *Bacillus* se realizó a partir del crecimiento de estos en medio de cultivo TSA e incubación a 28±1 °C por 24 h. El proceso de extracción se hizo acorde a las normas de manufactura de PureLink® Genomic DNA Mini Kit (Invitrogen) con un volumen de elución de ADN final a 100 µl por muestra. El ADN total se amplificó para la región 16S ARNr mediante la Reacción en Cadena de la Polimerasa (PCR), usando los cebadores universales: 27F (5'-AGAGTTTGATCMTGGCTCAG-3') (Hogg y Lehane, 1999) y 1492R (5'-GGTTACCTTGTTACGACTT-3') (Turner et al., 1999), a una concentración de 25 pmol.

Las condiciones de la PCR fueron: 35 ciclos, con desnaturalización inicial a 94 °C por 3 min, seguido de los ciclos con desnaturalización a 94 °C por 30 s, temperaturas de anillamiento a

50 °C, por 30 s, con extensión a 72 °C por 2 min, a continuación de una extensión final a 72 °C por 10 min. El volumen de reacción de la PCR fue de 25 µl: 2,5 µl de 10x Pfx tampón de amplificación, 17,4 µl de agua desionizada, destilada estéril, 0,8 µl de dNTPs (10nM), 0,5 µl de mM $MgSO_4$, de cada cebador 0,8 µL, 0,8 µL de dimetilsulfóxido (DMSO), 0,2 µl de Platinum Pfx® de Invitrogen y 2 µl de ADN.

Los productos de la PCR se comprobaron por electroforesis con geles de agarosa al 1 % más 1x GelRed® Safe Nuclied Acid Gel Stain (Biotium, Hayward, USA), las condiciones de corrida fueron; 128V, 3000mA por 20 min. Se utilizó 2 µl de marcador de peso molecular 1 Kb (Invitrogen), en el gel se cargó 2 µl del producto de PCR más 3 µl de bromo fenol azul. El tampón de corrida fue SB 1x. Los productos de PCR fueron purificados con el protocolo para PureLink™ PCR Purification Kit, obteniendo un volumen final de 60 µl. Los productos positivos fueron enviados a secuenciar en Macrogen (Seoul-Korea).

Los cromatogramas de las secuencias obtenidas se verificaron Sequencher 4.6 (Gene Codes, Ann Arbor, MI, USA). Las secuencias correctas fueron comparadas en la base de datos (GenBank; http://www.ncbi.nlm.nih.gov/), los alineamientos con las secuencias desde la base de datos se realizaron usando G-INS-i implementado en MAFFT v5.667 (Katoh et al. 2002). Las filogenias se desarrollaron mediante el método de vecino más cercano (Saitou y Nei, 1987) y con una máxima verosimilitud (ML) implementado en MEGA 7 (Kumar et al., 2016), los valores ubicados en los diferentes clados y nodos fueron mayores al 50 %.

Para continuar los estudios se utilizaron todas las cepas identificadas como *Bacillus*.

3.2 Caracterización de cepas del género *Bacillus* con actividad antifúngica *in vitro* frente a *M. roreri* y capacidad quitinolítica

3.2.1 Actividad antifúngica *in vitro* frente a *M. roreri*

Para evaluar la actividad antifúngica *in vitro* de todas las cepas aisladas del género *Bacillus* frente a *M. roreri* y su capacidad quitinolítica, se sembraron las bacterias en tubos de ensayo (150 x 22 mm) con medio de cultivo TSB a pH 7, luego se incubaron (Incubadora, Modelo: Precision Scientific) en la oscuridad a 28±1 °C por tres días para permitir el crecimiento, esporulación y producción de metabolitos secundarios.

El enfrentamiento se realizó en placas de Petri de 90 mm de diámetro con medio de cultivo PDA. En los extremos de la placa se colocaron discos de 5 mm de diámetro de micelio de *M. roreri* procedente de la periferia de un cultivo de 15 días de edad. Posteriormente estos cultivos se incubaron a 25±1 °C y oscuridad durante 15 días (Evans et al., 2003; Mejía et al., 2008; Reyes et al., 2016).

Transcurrido ese tiempo de incubación, en el centro de las placas se realizó la siembra de la bacteria con un hisopo estéril embebido en una suspensión de 10^8 células ml^{-1}. También se sembraron discos de micelio de 5 mm de *M. roreri* en los extremos de las placas con PDA sin bacteria, como control. Finalmente, todos los cultivos se incubaron a 28±1 °C y oscuridad constante durante siete días (Figura 2).

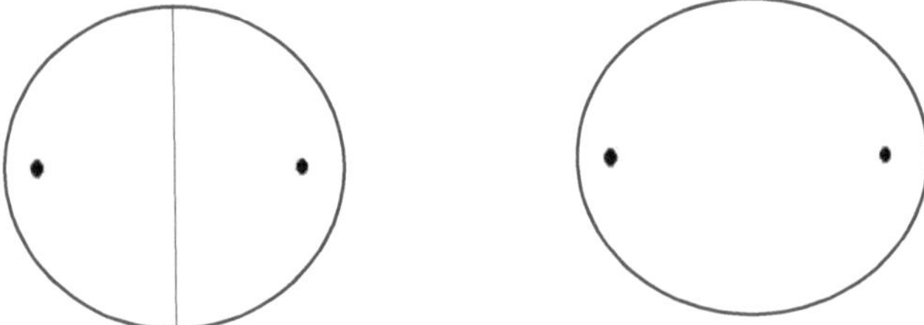

Figura 2. Representación gráfica del enfrentamiento bacteria endófita-*M. roreri*

Simbología

● *M. roreri*

—— Bacteria endófita

El experimento se realizó bajo un diseño completamente aleatorizado con cinco repeticiones por tratamiento (aislado de bacterias endófitas) y control (*M. roreri*).

Se midió el crecimiento de la colonia de *M. roreri* y se calculó el porcentaje de inhibición del crecimiento radial (PICR) para cada tratamiento, mediante la fórmula descrita por Melnick et al. (2011).

$$PICR\ (\%) = \frac{C.\,micelial\ (M.\,roreri) - C.\,micelial\ (M.\,roreri - bacteria\ endófita)}{C.\,micelial\ (M.\,roreri)} \text{x}100$$

Las evaluaciones se realizaron cada 24 h hasta los 15 días. Las cepas del género *Bacillus* que presentaron un PICR superior al 50 % fueron seleccionadas para continuar los estudios.

3.2.2 Determinación de la capacidad quitinolítica de las bacterias

Para determinar la capacidad quitinolítica de las bacterias, se colocó 30 µl de la suspensión bacteriana (1 x 10^8 células ml^{-1}), previamente crecida en medio de cultivo TSB a 28±1 ºC y oscuridad por tres días, en un orificio de 5 mm de diámetro previamente hecho con un sacabocado, en el centro de las placas de Petri con Agar nutriente (AN) y quitina coloidal (0,4 %) (Kokalis-Burelle et al., 1992) a pH 7. Luego los cultivos se incubaron entre 28±1 °C y oscuridad por tres días. Al cabo de este tiempo de incubación, se midió con una regla milimétrica el halo alrededor del orificio, como indicadores de la presencia de quitinasas (Okumoto et al., 2001).

En todos los ensayos de capacidad quitinolítica se utilizaron cinco réplicas (placas de Petri) e igual número como control. Se empleó un diseño completamente aleatorizado. Los experimentos se repitieron tres veces en condiciones similares.

Los aislados bacterianos que cumplieron con el criterio descrito en el subacápite 3.2.1 y presentaron capacidad quitinolítica (Halo superior a 20 mm) fueron seleccionados para continuar los estudios. Posteriormente, estos se incorporaron como cepas a la Colección de cultivos Microbianos del INIAP con un código.

3.3 Efecto de la emisión de compuestos volátiles de las cepas de *Bacillus* seleccionadas sobre el crecimiento micelial y esporulación de *M. roreri*

3.3.1 Efecto sobre el crecimiento micelial

El efecto de los compuestos volátiles emitidos por las cepas bacterianas sobre el crecimiento micelial de *M. roreri* se evaluó en placas de Petri (100 x 15 mm). En la base de la placa se inoculó un disco de micelio (5 mm de diámetro) de *M. roreri*, sobre el medio de cultivo PDA (Difco) siete días antes de la confrontación, para asegurar el crecimiento del hongo. En la parte superior (tapa) se inoculó la bacteria sobre medio de cultivo TSA (Difco). Las bacterias se inocularon mediante diseminación de 100 µl de una suspensión de 1 x 10^8 UFC ml^{-1}.

Posteriormente, las placas de Petri se sellaron con Parafilm e incubaron a 28±1 ºC y fotoperíodo de 12 h luz/ 12 h, en oscuridad durante 15 días (de la Cruz, 2014).

El tratamiento control se inoculó con 100 µl de agua desionizada estéril en lugar de la suspensión bacteriana.

El porcentaje de inhibición del crecimiento radial se calculó usando la fórmula descrita por Arrebola et al. (2010).

$$\% \, Inhibición = \frac{D1 - D2}{D1} \, x \, 100$$

D1: Diámetro del crecimiento micelial de *M. roreri* en el tratamiento control

D 2: Diámetro del crecimiento micelial de *M. roreri* con la presencia de bacteria endófita

3.3.2 Efecto sobre la esporulación

Al concluir la confrontación descrita en el subacápite 3.3.1, se evaluó el efecto de la emisión de compuestos volátiles de las bacterias sobre la esporulación. Para ello, se vertieron 10 ml de agua destilada sobre la tapa de la placa de Petri donde creció *M. roreri* y se removió el micelio con una espátula Drigalsky metálica estéril hasta obtener una suspensión de esporas. La misma se cuantificó en cinco campos, usando una cámara de Neubauer, con la ayuda de un microscopio óptico (Carl Zeiss, aumento 400X).

Los experimentos de los subacápite 3.3.1 y 3.3.2 se repitieron dos veces y se montaron bajo un diseño completamente aleatorizado con cinco repeticiones por tratamiento y control.

Las cepas de *Bacillus* que presentaron un porcentaje de inhibición del crecimiento micelial y esporulación de *M. roreri* superior al 65 % fueron seleccionados para continuar los estudios.

3.4 Efecto de la aplicación de las cepas de *Bacillus* seleccionadas en la protección de *T. cacao*, frente a *M. roreri* en condiciones de campo

La evaluación del efecto de la aplicación de las cepas bacterianas seleccionadas sobre *M. roreri* se realizó en una plantación establecida con el genotipo de cacao EET-103 tipo Nacional de 14 años de edad, con un marco de 3 x 3 m, sobre un suelo Andisol (Espinosa et al., 2022) en la provincia de Esmeraldas, cantón Quinindé, parroquia Rosa Zarate en Ecuador (0º18'49"N, 79º25'42"W) ubicada a 118 msnm durante los meses de diciembre de 2018 hasta marzo de 2019 (época de invierno). Las condiciones climáticas predominantes durante el experimento se caracterizaron por una temperatura promedio de 26,5 °C, humedad relativa del 94,3 %, precipitación de 305 mm y velocidad del viento de 2,1 m/s.

Previo al establecimiento de los tratamientos se aplicó el fertilizante YaraMila Complex (12-11-18 más microelementos) con dosis de 500 kg·ha^{-1}, control de arvenses, manual y mecánica con motoguadaña; el primer manejo agronómico se realizó al iniciar el ensayo, en el que se delimitaron los árboles en estudio, y el segundo tres meses después. Se efectuó una poda sanitaria a todo el lote, donde se eliminaron las ramas entrecruzadas para equilibrar la arquitectura de los árboles y permitir la entrada de luz solar y ventilación; se eliminaron síntomas de escobas de bruja, además de mazorcas enfermas. Las heridas se protegieron con la aplicación de pasta bordelesa

Obtención de inóculo de las cepas bacterianas seleccionadas

Los aislados bacterianos seleccionados se inocularon en Erlenmeyer de 1 L de capacidad que contenían 500 mL de medio de cultivo TSB (Difco). La incubación se realizó entre 28 y 30 °C a 120 rpm en una zaranda orbital durante 9 días (Melnick et al., 2011). Transcurrido ese tiempo de incubación, se dejó que las esporas se asentaran en el fondo del Erlenmeyer y posteriormente se procedió a decantar el caldo de cultivo. La concentración de inóculo se determinó por el método de recuento de células viables en placa con medio de cultivo sólido (Hoben y Somasegaran, 1982). Finalmente, la concentración se ajustó a 10^8 esporas·mL^{-1} en el momento de la aplicación.

El experimento de campo se realizó bajo un diseño de bloques completos al azar, con seis tratamientos: los cuatro mejores cepas bacterianas del experimento del acápite 3.3, un tratamiento químico (Hidróxido de Cobre; Kocide) a dosis de 1,5 kg i.a ha^{-1} y un control absoluto (sin tratamiento) con cinco repeticiones. Los tratamientos en estudio se dispusieron de forma aleatoria. Cada réplica estuvo conformada por una parcela de diez árboles plantados a 3 x 3 m. Se dejó un área de dos hileras de plantas sin tratar para utilizar como fondo de infección. El esquema del experimento de campo y descripción de las características de las unidades experimentales se muestran en la Figura 3 y Tabla 2, respectivamente.

X	X	X	X	X	X	X	X	X	X	X
X	X	X	X	X	X	X	X	X	X	X
A	X	X	A	A	A	A	A	X	X	A
A	X	X	A	A	A	A	A	X	X	A
X	X	X	X	X	X	X	X	X	X	X
X	X	X	X	X	X	X	X	X	X	X
X	X	X	A	A	A	A	A	X	X	X

Figura 3. Esquema del experimento de campo

Leyenda: X------ Barreras A------ Parcela útil

Tabla 2. Características de establecimiento de las unidades experimentales

Descripción	Cantidad
Total de unidades experimentales (UE)	30
Número de árboles por UE	10
Total de observaciones	300
Separación entre arboles dentro de las UE (m)	3 x 3
Separación entre réplicas (m)	6
Área total del experimento (m^2)	7 560

Inoculación de bacterias endófitas

La aplicación de los tratamientos se realizó con atomizadores manuales de 500 ml de capacidad, asperjando 1 cojinete floral (flores abiertas) y 5 mazorcas, previamente marcadas con cinta de colores, en cada uno de los árboles. Por cada árbol se utilizaron 200 ml de inóculo con una concentración de 10^8 UFC ml^{-1}. Para cada tratamiento se utilizaron equipos y materiales diferentes, con la finalidad de evitar la contaminación entre las cepas bacterianas y se les añadió Silwet L-77 al 0,24 % (v/v) como coadyuvante para reducir la tensión superficial del agua. Se hicieron tres aplicaciones con una frecuencia mensual, tomando como criterio trabajos previos realizados por Vera (2023). La altura estimada de alcance de la aplicación fue de 2 m.

Evaluaciones

Para las evaluaciones de incidencia y severidad externa de la enfermedad se muestrearon 25 frutos por tratamiento. Se realizaron seis muestreos, con una frecuencia quincenal, a partir de la aparición de los primeros síntomas según la escala de Brenes (1983) (Tabla 3) y durante los primeros 90 días de desarrollo del fruto (periodo crítico de mayor susceptibilidad a *M. roreri*) (Solis et al., 2021). La incidencia de la enfermedad se calculó mediante la aplicación de la fórmula planteada por Ciba-Geigy (1981) y la severidad externa según Towsend y Heuberger (1943).

$$\% \, Incidencia = \frac{Número \; de \; mazorcas \; enfermas}{Total \; de \; mazorcas \; evaluadas} \; x \; 100$$

$$\% \, S = \frac{\Sigma(n \; x \; v)}{N \; x \; K} \; x \; 100$$

S = Severidad de la enfermedad

n = Número de frutos por grado de la escala

v = Grado de ataque según la escala

K = Número total de grados

N = Número total de frutos observados

Tabla 3. Escala de valoración de severidad externa propuesta por Brenes (1983)

Escala	Características	Correspondencia visual
Grado 0	Fruto sano	
Grado 1	Puntos aceitosos	
Grado 2	Tumefacción o clorosis	
Grado 3	Mancha (necrosis)	
Grado 4	Micelio hasta un 25% de la mancha	
Grado 5	Micelio en más del 25% de la mancha	

Cuando las mazorcas alcanzaron la madurez de cosecha (aproximadamente a los 5 meses), se abrieron 25 muestras de fruto por tratamiento, de forma similar a las variables anteriores, y se determinó el porcentaje de severidad interna mediante el uso de la escala propuesta por Sánchez et al. (1987) (Tabla 4).

Las mazorcas enfermas por pudrición negra y los *Cherelle Wilt* (marchitamiento prematuro) se eliminaron en cada fecha de evaluación. Toda esta información fue registrada para cada árbol de la parcela útil.

Tabla 4. Escala de valoración de severidad interna propuesta por Sánchez et al. (1987)

Escala	Características	Correspondencia visual
Grado 0	Cero área necrosada	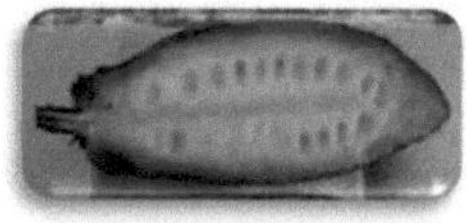
Grado 1	1-20 % del área necrosada	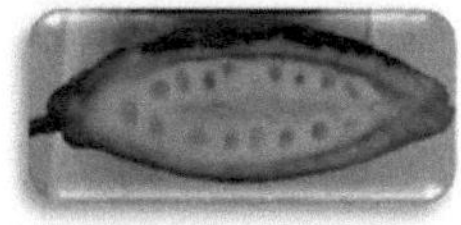
Grado 2	21-40 % área necrosada	
Grado 3	41-60 % área necrosada	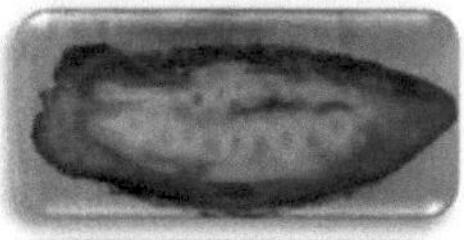
Grado 4	61-80 % área necrosada	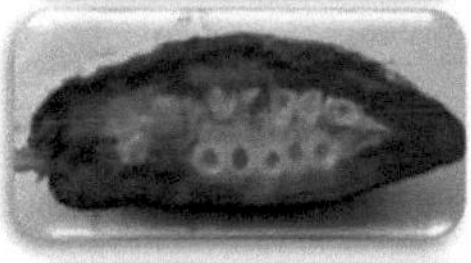
Grado 5	100 % área necrosada	

La eficacia técnica para cada uno de los tratamientos se calculó mediante la fórmula de Abbott (1925), donde:

$$ET\ (\%) = \frac{mazorcas\ infectadas\ (control) - mazorcas\ infectadas\ (tratamiento)}{mazorcas\ infectadas\ (control)} \times 100$$

Además, se determinó el porcentaje de colonización endofítica (UFC g^{-1} de peso fresco de tejido vegetal) en los tratamientos. Para ello, se realizaron muestreos cada 15 días, siempre antes de la aplicación del tratamiento. Las muestras (4 mazorcas por tratamiento), con un peso aproximadamente igual, se trasladaron al laboratorio en bolsas de papel etiquetadas y dentro de las cuatro horas de su colecta. Se utilizaron los mismos procedimientos que se describen en el acápite 3.1.1, para el aislamiento de las bacterias endófitas.

La cepa del género *Bacillus* que exhibió los mejores resultados en este acápite fue seleccionada para continuar los estudios.

3.4.1 Evaluación del efecto de las frecuencias de aplicación de la cepa de *Bacillus* seleccionada

Este experimento se realizó en la misma finca del acápite anterior. Las condiciones climáticas predominantes durante el experimento se caracterizaron por una temperatura promedio de 27,1 °C, humedad relativa del 90,4 %, precipitación de 380 mm y velocidad del viento de 2,5 $m.s^{-1}$.

El experimento se realizó bajo un diseño de bloques completos al azar, con tres tratamientos (frecuencia de aplicación) y cinco repeticiones (Tabla 5). Los tratamientos en estudio se dispusieron de forma aleatoria.

Tabla 5. Tratamientos empleados en el estudio

Tratamientos (Frecuencia de aplicación, días)	Número de aplicaciones
15	6
45	2
30 (Control)	3 (según trabajo realizado por Páez et al., 2024

La obtención de inóculo e inoculación de las bacterias se realizaron de la misma forma que se describe en el acápite 3.4. Para la evaluación de las variables incidencia, severidad externa de la enfermedad y colonización endofítica se emplearon procedimientos similares a los descritos en el acápite 3.4.

Procesamiento estadístico de los datos

Para establecer diferencias entre tratamientos se utilizaron pruebas de hipótesis paramétricas, análisis de varianza, comparaciones múltiples y pruebas no paramétricas cuando fue necesario, en correspondencia con las características de los datos y las exigencias de los métodos. Información particular acerca de los métodos utilizados en cada caso se describe durante la presentación y discusión de los resultados. Se empleó el paquete estadístico STATISTICA versión 12.0 sobre Windows (StatSoft, 2014).

4. RESULTADOS

4.1 Determinación de la presencia de bacterias endófitas del género *Bacillus* asociadas a *T. cacao*

4.1.1 Aislamiento de bacterias endófitas del género *Bacillus*

A partir del método de aislamiento descrito se obtuvieron 45 aislados bacterianos asociados a los tejidos vegetales muestreados. La mayoría de ellos (55,5 %) procedieron del endocarpio, algunos del mesocarpio (26,6 %) y sólo unos pocos (17,7 %) del pedicelo de la flor (Figura 4).

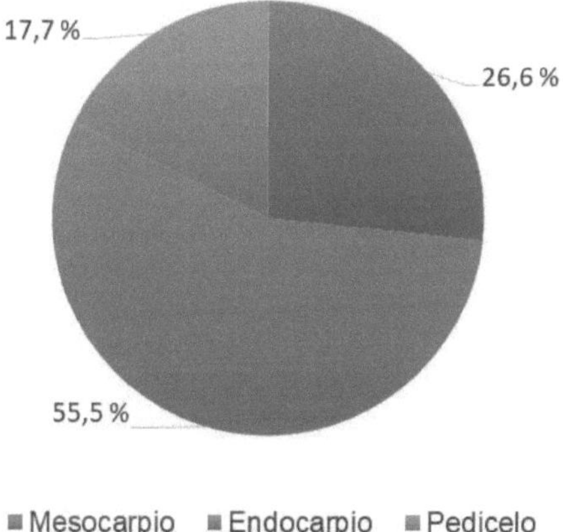

Figura 4. Porcentaje de bacterias endófitas aisladas de secciones de tejidos de la mazorca y pedicelo de la flor de *T. cacao*

Este hallazgo pudiera explicarse por la interrelación entre la flor y el fruto, así como, la composición química del mucilago del cacao, el cual posee un alto contenido de agua y es rico en azúcares, proteínas y pectinas, sustancias que conforman un medio favorable para la multiplicación de bacterias.

Por otro lado, este resultado no concuerda con informes publicados por Hallmann (2001), que consideró a los endófitos bacterianos colonizadores, poco abundantes en los tejidos de flores, frutos y semillas de diferentes especies de plantas. Este mismo autor, afirmó que, en condiciones naturales, la mayoría de las flores y frutos no contienen bacterias endófitas o solo pueden alcanzar densidades de población muy bajas (10^2-10^3 UFC g^{-1} de masa fresca de tejido vegetal).

De los árboles de *T. cacao* se han aislado bacterias asociadas a los tejidos. Sin embargo, como colonizadores endófitos solo se informa el trabajo realizado por Melnick et al. (2011) en la Estación Experimental Tropical Pichilingue (EET-Pichilingue) en la provincia Los Ríos, Ecuador. Estos investigadores obtuvieron 69 aislados de bacterias endófitas formadoras de endosporas pertenecientes al género *Bacillus*, a partir de los tejidos de hojas, ramas, cojinetes florales y mazorca, de una colección de clones de *T. cacao* tipo Nacional, procedente del programa de mejoramiento genético del cultivo con fines de emplear en el control biológico de los principales hongos patógenos que afectan la mazorca de cacao.

Asimismo, Macagnan et al. (2006) aislaron bacterias formadoras de endosporas del rizoplano y rizósfera de la planta, aunque no especifican sobre su identificación, de manera contraria a los actinomicetos de la carpósfera de mazorcas de cacao, los cuales pertenecen a varias especies del género *Streptomyces* (Barreto et al., 2008).

A pesar que los investigadores citados anteriormente trabajaron con bacterias asociadas a las plantas, ninguno de ellos analizó el aislamiento de bacterias endófitas procedentes de secciones de tejido de mazorcas de cacao. Este aspecto constituye una novedad del presente trabajo, al obtener en los frutos más jóvenes la mayor cantidad de bacterias. La explicación a este resultado tiene relación con el grosor de la epidermis de los frutos jóvenes, la cual se encuentran menos esclerotizados y facilita una mejor colonización por las bacterias; fenómeno que se dificulta a medida que avanza el crecimiento y desarrollo del fruto. Además, si se toma en cuenta que las mazorcas de cacao son más susceptibles a *M. roreri* en los tres primeros meses de desarrollo, este resultado aseguraría una mayor probabilidad de protección del fruto contra el este hongo fitopatógeno.

Otro elemento a considerar en este resultado, es el método de aislamiento utilizado (tratamiento térmico), el cual eliminó todas las bacterias que no produjeron endosporas, y probablemente la mayoría de los géneros bacterianos, incluyendo bacterias formadoras de endosporas que estaban creciendo en una etapa vegetativa en el momento del muestreo. De forma semejante Földes et al. (2000) y Venkataramanamma et al. (2022) consideraron muy apropiadas estas técnicas de aislamiento del género *Bacillus*, donde es importante caracterizar la termoresistencia de las endosporas bacterianas, pues éstas le pueden garantizar mayor persistencia a las bacterias en los tejidos vegetales, lo cual es una condición necesaria para seleccionar candidatos promisorios para el control biológico de agentes fitopatógenos.

Existen varios trabajos en la literatura que confirman la presencia de especies de *Bacillus* viviendo en el interior de las plantas, como las especies *B. toyonensis*, *B. megaterium*, *B. cereus*, *B. aryabhattai*, *B. stratosphericus*, y *B. aerius* que se identificaron en asociación con plantas de tomate (*Solanum lycopersicum* L.) en Brasil (Rocha et al., 2017). De igual manera, Karthik et al. (2017) también observaron la presencia de especies de *Bacillus* en asociación con cultivares de plátano (*Musa* spp.) de tres regiones de la India (*B. tequilensis*, *B. subtilis*, *B. methylotrophicus*, *B. megaterium* y *B. aryabhattai*. En un trabajo realizado por Kushwaha et al. (2020), se identificaron *B. amyloliquefaciens*, *B. subtilis* y *B. cereus* en asociación con plantas de *Pennisetum glaucum* (L.) R. Br. cultivadas en la India.

Basado en los resultados obtenidos por los autores Karthik et al. (2017); Rocha et al. (2017) y Kushwaha et al. (2020) y a los efectos de esta investigación, se refuerza la importancia de las cepas endofíticas de *Bacillus* para el biocontrol.

Al relacionar el número de aislados bacterianos con la altitud de la finca y edad del cultivo (Figuras 5 y 6), no se encontró asociación significativa entre estos factores; aunque hubo una ligera tendencia a la disminución de los aislados hacia los sitios de mayor altitud (Figura 5).

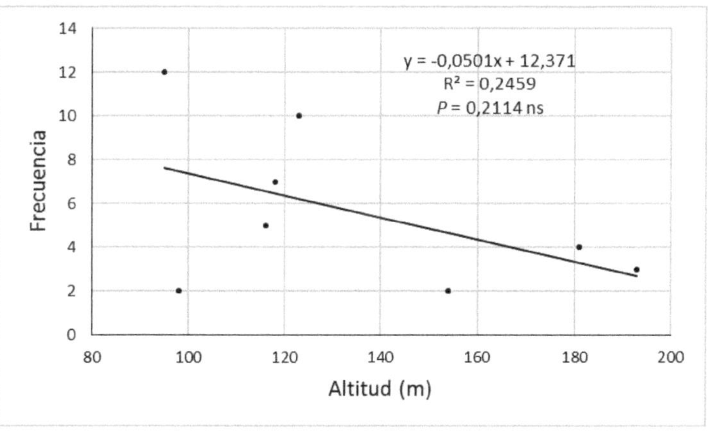

Figura 5. Correlación entre la frecuencia de aislados bacterianos y la altitud del cultivo

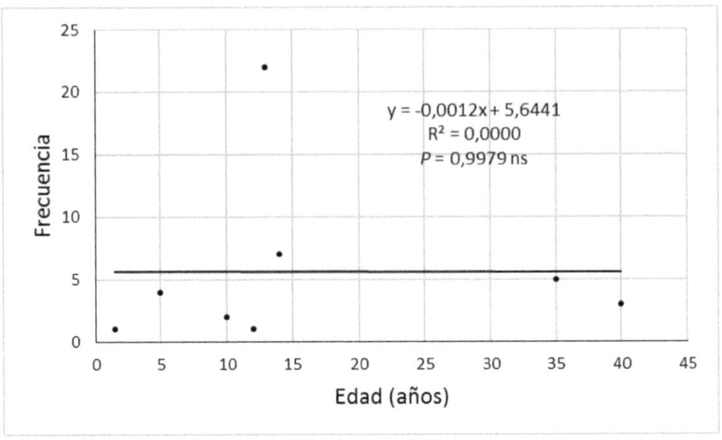

Figura 6. Correlación entre el número de aislados bacterianos y la edad del cultivo

Aunque en la literatura científica consultada, son limitadas las investigaciones relacionadas sobre estos aspectos, la investigadora asume que en *T. cacao* en particular la edad del cultivo influye en la composición de la microbiota debido a los procesos de adaptación.

4.1.2 Caracterización fenotípica

Se observó que las colonias de bacterias aisladas en TSA a las 72 h, tenían características culturales y morfológicas macroscópicas semejantes a las del género *Bacillus* tales como tamaño de mediano-grande, borde irregular, elevación planoconvexa y color blanquecino (Figura 7 A). Después de realizar la tinción de Gram, se constató a nivel microscópico, que todos los aislados resultaron ser bacilos Gram positivos (Figura 7 B), formadores de endosporas (Figura 8 A) y catalasas positivas (Figura 8 B).

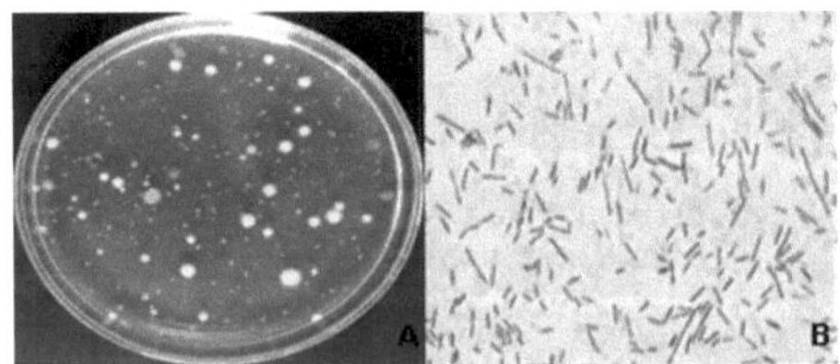

Figura 7. Características culturales y morfológicas de *Bacillus* sp. (aislado # 33) A) Morfología macroscópica; B) Células bacilares Gram positivas (aumento 1000X)

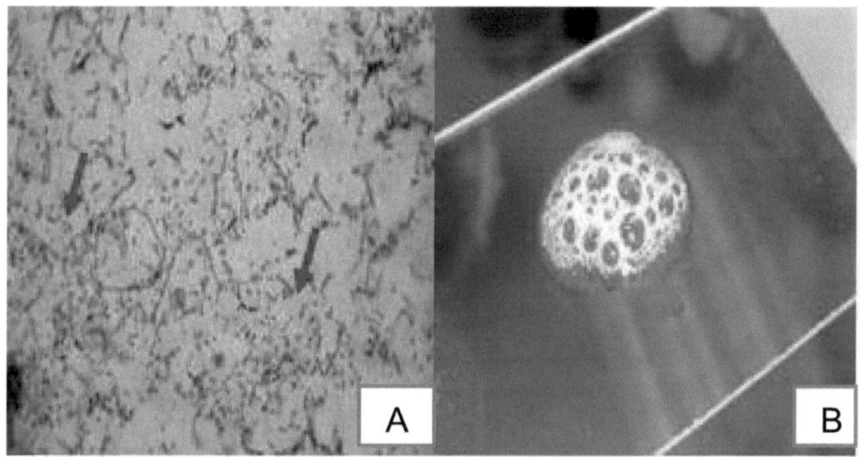

Figura 8. Características fisiológicas de *Bacillus* sp. (aislado # 33) A) endosporas (flechas rojas) aumento 1000X; B) prueba de la enzima catalasa (positiva)

En el estudio de Melnick et al. (2008), para la caracterización fenotípica de *Bacillus* en TSA, tomaron en cuenta el tamaño, forma, elevación margen y color de las colonias. Estos autores obtuvieron como resultado colonias medianas a grandes, de borde irregular, elevación planoconvexa y color blanco/crema, lo cual les permitieron corroborar estas características para el género *Bacillus*, como las observadas en la presente investigación.

4.1.3 Identificación molecular

El árbol filogenético construido con secuencias del gen 16S rRNA de las cepas aisladas del cacao reveló que todas pertenecían al género *Bacillus* (Figura 9 y Anexo 1).

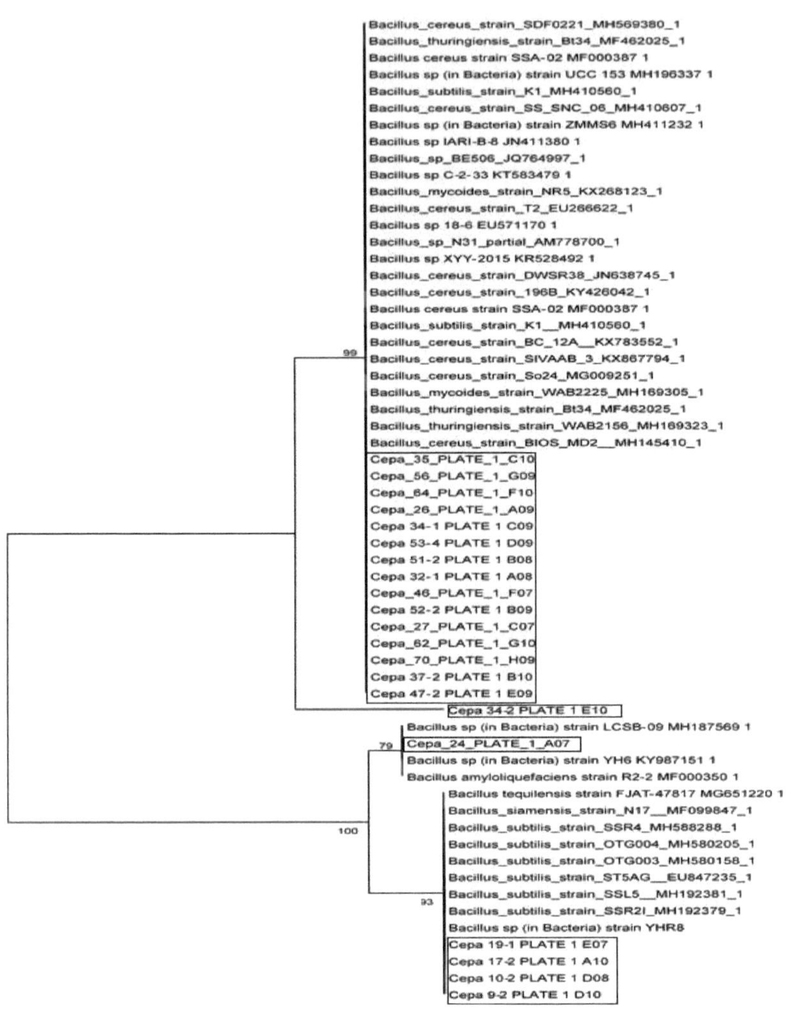

0,05

Figura 9. Árbol filogenético de Máxima probabilidad, basado en la secuencia de los genes 16S ARNr, que muestra la relación entre las cepas endófitas de *Bacillus* aisladas de *Theobroma cacao* L. Árbol construido por el método de máxima probabilidad en MEGA 7. Valores de Bootstrap ≥ 50 (basado en 1000 réplicas) para cada nodo

La comunidad endofítica de *Bacillus* asociada a diferentes plantas es bastante diversa y en nuestro trabajo se obtuvo un resultado similar, confirmado por los análisis moleculares de los bacilos Gram-positivos aislados, basados en la secuenciación del gen que codifica para el ARNr 16S.

Las principales especies identificadas fueron *Bacillus subtilis*, *Bacillus amyloliquefaciens*, *Bacillus mycoides* y *Bacillus cereus* con un 99 % de similitud; mientras otras cepas no produjeron una secuencia consenso óptima, por lo que se clasificaron como *Bacillus* sp. (Figura 9).

El género *Bacillus* comprende actualmente más de 336 especies, por lo que la clasificación basada en un gen único tiene bajo poder de resolución a este nivel (LPSN, 2016). A pesar de que, el ADNr 16S, cumple con varias propiedades que lo hacen el marcador molecular simple más utilizado para la clasificación de organismos procariotas, por ser altamente conservador, ubicuo, homólogo, funcionalmente constante, estable, poco sujeto a mecanismos de transferencia lateral de genes, contiene regiones variables e hipervariables y ofrece buena concordancia con los estudios basados en el genoma (Schleifer, 2009). No obstante, la secuenciación del ARNr 16S no puede diferenciar de forma confiable entre dos especies bacterianas estrechamente relacionadas (Tindall et al., 2010).

La combinación de otros genes esenciales tales como *rpoA, rpoB, rpoC, rpoD, gyrA, gyrB, recA, recB* son igualmente útiles para la identificación de especies del género *Bacillus* (Glazunova et al., 2009).

Este estudio contribuyó al conocimiento del microbioma del cacao al encontrar por primera vez en muestras de frutos del genotipo Criollo tipo Nacional (autóctono de Ecuador), varias especies de bacterias endófitas formadoras de endosporas del género *Bacillus* asociados a los tejidos de los órganos reproductivos (flores y mazorcas).

Estos resultados constituyen el paso inicial en la búsqueda de cepas eficientes de bacterias endófitas formadoras de endosporas del género *Bacillus*, como agentes de control biológico contra uno de los principales hongos fitopatógenos que afectan el cultivo del cacao.

4.2 Caracterización de cepas del género *Bacillus* con actividad antifúngica *in vitro* frente a *M. roreri* y capacidad quitinolítica

4.2.1 Actividad antifúngica *in vitro* frente a *M. roreri*

El 100 % de las cepas aisladas (45) mostraron actividad antifúngica frente a *M. roreri*. El agrupamiento de las mismas dependió de los valores de Porcentaje de Inhibición del Crecimiento Radial (PICR) que mostraron al enfrentarlas con *M. roreri*. El análisis de clúster evidenció que los grupos formados se empiezan a ramificar a distancias muy bajas, lo que indica que estos son compactos y que la diversidad intragrupos es muy baja (Figura 10).

Al realizar un corte de hasta 10 % al dendrograma, se observa la formación de dos grupos. El grupo 1 aglomeró 23 aislados, que representan el 51,1 % del total y el grupo 2, 22 aislados (48,9 %). Además, en el grupo 1 se ubicaron las cepas que mostraron el mayor efecto antagonista sobre el hongo patógeno al alcanzar un PICR mayor al 50 % (53,8-73,8 %); mientras que, en el grupo 2 se situaron las cepas con menor actividad antagónica, al alcanzar valores de PICR inferiores al 50 % (2,8 - 47,2 %) (Figura 10).

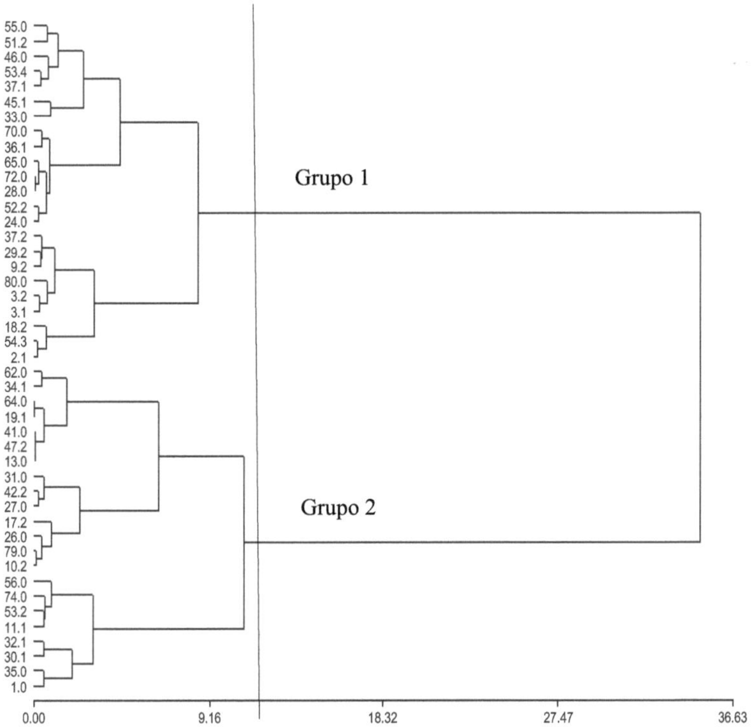

Figura 10. Dendrograma obtenido a partir de los valores de Porcentaje de Inhibición del Crecimiento Radial (PICR) de *M. roreri* provocado por las bacterias endófitas del género *Bacillus* a los 15 días. Dendrograma construido mediante el método de Ward y utilizando distancia euclidiana

En la literatura científica consultada, son escasas las investigaciones realizadas con bacterias endófitas del género *Bacillus* como agentes de control biológico en el patosistema *T. cacao* - *M. roreri.* Hasta la fecha, solo se informan los trabajos realizados por Melnick et al. (2011), quienes evaluaron *in vitro* la acción antagónica de 69 bacterias endófitas formadoras de endosporas aisladas, en diferentes órganos de las plantas de *T. cacao*, contra tres hongos patógenos que afectan las mazorcas en este árbol. Estos autores obtuvieron, que el 42 % de los aislados inhibió a *M. roreri*, 33 % a *M. perniciosa* y 49 % a *P. capsici*. Los resultados obtenidos en el presente trabajo se corresponden con los valores de porcentaje de inhibición informados para *M. roreri* por estos autores.

Estudios similares que utilizan el método de difusión en agar han sido desarrollados en otros patosistemas. En tal sentido, Orberá et al. (2009), evaluaron *in vitro* la actividad inhibitoria que ejercen las bacterias aerobias formadoras de endosporas sobre hongos fitopatógenos aislados de plantas ornamentales. Esto autores seleccionaron cinco cepas que presentaron un PICR sobre los hongos fitopatógenos superior a 50 %.

Sosa et al. (2011) realizaron estudios de antagonismo *in vitro* entre cepas de *Bacillus subtilis* frente a *R. solani* y seleccionaron como promisorias, aquellas cepas que presentaron un PICR superior a 75 %. Los resultados demuestran que existió actividad antagónica, probablemente por la presencia de antibióticos difundidos volátiles y no volátiles y enzimas líticas producidas por *Bacillus* (Figura 11).

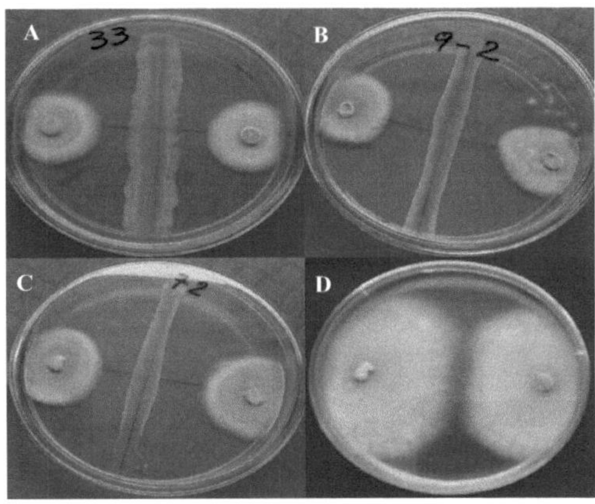

Figura 11. Cultivo dual entre *Bacillus* endófitos – *Moniliophthora roreri* en medio de cultivo PDA a los 15 días A) aislado # 33; B) aislado # 9-2; C) aislado # 72; D) *M. roreri* (control)

En el presente trabajo, aunque no se determinaron los compuestos responsables de este efecto inhibitorio, se infiere que este pudiera estar dado por la gran variedad de antibióticos que producen las cepas de *Bacillus* spp., que tienen la capacidad de inhibir el crecimiento de agentes fitopatógenos (Falardeau et al., 2013; Gao et al., 2018). Entre estos compuestos: los lipopéptidos, fundamentalmente de las familias de las iturinas, fengicinas y surfactinas, han sido ampliamente estudiados por su actividad antibacteriana y antifúngica (Meena y Kanwar, 2015; Harwood et al., 2018).

Estudios de Almeida et al. (2018), en una investigación de selección de bacterias endófitas como agentes de control biológico contra los principales microorganismos patógenos asociados al cultivo de la soya, informaron a los géneros *Bacillus* sp. y *Burkholderia* sp., como los más efectivos *in vitro* para controlar los hongos patógenos *Sclerotinia sclerotiorum* (Lib.) de Bary, *Phomopsis sojae* Lehman y *R. solani*. Estos autores adjudican este efecto, principalmente a la producción de antibióticos.

Los resultados obtenidos se corresponden con varios autores que informaron a las especies del género *Bacillus* (*B. subtilis, B. pumilus, B. amyloliquefaciens, B. cereus, B. licheniformis*) entre otras, con potencialidades para mitigar la incidencia de enfermedades de importancia agrícola (Pila, 2016; Muthukumar et al., 2017; Villarreal-Delgado et al., 2017).

Dentro de los bioplaguicidas microbianos disponibles comercialmente, *Bacillus* es el género más explotado en el sector agrícola, con un 85 % de los productos bacterianos, debido a su gran versatilidad metabólica que le permite llevar a cabo el control biológico de plagas por diversos mecanismos. Además, este género bacteriano es capaz de producir endosporas, siendo éstas el principal ingrediente activo de los formulados, y confiriéndoles como propiedad, una mayor viabilidad en el tiempo (Ongena y Jaques, 2008).

En la actualidad se encuentran disponibles en el mercado mundial varios bioplaguicidas a base de cepas de *Bacillus* spp., entre ellos: Double Nickel LC (*B. amyloliquefaciens* cepa D747), Pro-Mix Biofungicide (*B. subtilis* cepa MBI 600), Serenade Garden (*B. subtilis* cepa QST 713), Sonata (*B. pumilus* cepa QST 2808) y EcoGuard-GN (*B. licheniformis* SB3086), entre otros. Estos formulados se usan fundamentalmente para la prevención de por lo menos ocho agentes patógenos, en más de 20 cultivos agrícolas (Thakur y Singh, 2018).

Los resultados demuestran la actividad inhibitoria *in vitro* de nuevas cepas de bacterias endófitas, pertenecientes al género *Bacillus,* con potencialidades para el control biológico del agente etiológico de la moniliasis del cacao (Tabla 6).

Tabla 6. Selección de las especies endófitas de *Bacillus* que provocaron un porcentaje de inhibición del crecimiento micelial de *M. roreri* superior al 50 %

Código #	**Especie**
2-1	*B. cereus*
3-1	*B. cereus*
3-2	*B. cereus*
9-2	*B. subtilis*
18-2	*Bacillus* sp.
24	*B. amyloliquefaciens*
28	*Bacillus* sp.
29-2	*B. mycoides*
33	*Bacillus* sp.
36-1	*Bacillus* sp.
37-1	*B. cereus*
37-2	*B. subtilis*
45-1	*B. cereus*
46	*Bacillus* sp.
51-2	*B. cereus*
52-2	*Bacillus* sp.
53-4	*B. cereus*
54-3	*B. cereus*
55	*B. cereus*
65	*B. cereus*
70	*Bacillus* sp.
72	*Bacillus* sp.
80	*B. cereus*

4.2.2 Determinación de la capacidad quitinolítica de las bacterias

En la tabla 7 se muestra la actividad quitinolítica de las bacterias endófitas en medio de cultivo Agar nutriente con quitina coloidal.

Tabla 7. Actividad quitinolítica de las 23 cepas bacterianas en medio de cultivo Agar nutriente con quitina coloidal a los 3 días

Código de la cepa #	Especie	Halo quitinolítico (mm)
24	*B. amyloliquefaciens*	34,0 ± 1,41 a
33	*Bacillus* sp.	33,5 ± 1,91 a
45-1	*B. cereus*	33,0 ± 4,80 ab
51-2	*B. cereus*	32,8 ± 0,96 ab
9-2	*B. subtilis*	32,5 ± 2,65 ab
29-2	*B. mycoides*	32,3 ± 2,90 ab
72	*Bacillus* sp.	25,3 ± 0,96 b
53-4	*B. cereus*	24,8 ± 0,50 b
65	*B. cereus*	19,3 ± 1,26 c
37-1	*B. cereus*	19,8 ± 0,96 c
70	*Bacillus* sp.	19,0 ± 1,41 c
37-2	*B. subtilis*	18,3 ± 1,50 c
46	*Bacillus* sp.	15,0 ± 0,50 d
55	*B. cereus*	15,0 ± 0,50 d
28	*Bacillus* sp.	15,0 ± 0,50 d
36-1	*Bacillus* sp.	11,0 ± 0,96 e
3-1	*B. cereus*	11,2 ± 0,50 e
52-2	*Bacillus* sp.	11,0 ± 0,96 e
3-2	*B. cereus*	10,7 ± 1,20 e
80	*B. cereus*	5,0 ± 0,96 f
18-2	*Bacillus* sp.	5,0 ± 0,96 f
2-1	*B. cereus*	0,0 ± 0,00 g
54-3	*B. cereus*	0,0 ± 0,00 g

Medias con letras diferentes difieren significativamente por la prueba de Tukey ($p \leq 0,05$) n=5

La mayoría de las cepas fueron capaces de utilizar la quitina, al mostrar crecimiento y presentar un halo de actividad quitinasa alrededor de la colonia. Excepción hicieron las cepas *B. cereus* 2-1 y 54-3.

La mayor actividad quitinolítica la presentaron las cepas *B. amiloliquefaciens* 24 y *Bacillus* sp. 33 con un diámetro del halo de aclaramiento de 34 y 33,5 mm, respectivamente; sin diferencias significativas con las cepas *B. cereus* 45-1, *B. cereus* 51-2, *B. subtilis* 9-2 y *B. mycoides* 29-2, pero sí con el resto. En orden decreciente les siguieron las cepas *Bacillus* sp. 72 y *B. cereus* 53-4 sin diferencias entre ellos, pero sí con los demás, que alcanzaron valores inferiores a los 20 mm.

La producción de enzimas involucradas en la degradación de la pared celular de agentes fitopatógenos es uno de los mecanismos de control biológico más informados, especialmente contra hongos patógenos (Goswami et al., 2016; Singh et al., 2017). La pared celular de los hongos está conformada por glicoproteínas, polisacáridos y otros componentes que varían según la especie fúngica (Bowman y Free, 2006).

La fracción de polisacáridos puede comprender hasta un 80 % de la pared celular de hongos, donde se encuentra principalmente quitina (~ 10 – 20 %) y glucano (~ 50 – 60%), los cuales están compuestos por residuos de beta-1,3-glucosa y beta-1,4-N-acetilglucosamina, respectivamente (Bowman y Free, 2006; Latgé, 2007). Estos polímeros tienen un papel estructural determinante en la rigidez de la pared celular, mediante una red extensa de enlaces glucosídicos. Así, la interferencia en estos enlaces puede deteriorar la pared celular de hongos fitopatógenos, provocando su lisis y muerte celular.

La producción de enzimas líticas como quitinasas y β-glucanasas excretadas por los agentes de control biológico, incluyendo al género *Bacillus*, han mostrado un efecto inhibitorio contra los hongos fitopatógenos (Guo et al., 2013; Olanrewaju et al., 2017).

Estas enzimas son responsables de la degradación de los principales polisacáridos que conforma la pared celular de hongos, mediante la hidrólisis de sus enlaces glucosídicos. Actualmente, existen diversos estudios científicos que informan el papel de estas enzimas en la actividad antifúngica *in vitro* de cepas del género *Bacillus* (Kishore et al., 2005; Liu et al., 2010; Shafi et al., 2017).

En este sentido, Huang et al. (2005), clonaron el gen chiCW de *B. cereus* 28-9 en *Escherichia coli* DH5α y demostraron que los productos purificados presentaron una alta actividad inhibitoria en la germinación de esporas de *Bacillus elliptica.*

Yan et al. (2011), demostraron el papel de una quitinasa en el control de *Rhizoctonia solani* por *B. subtilis* SL13, al evaluar la actividad inhibitoria de la enzima purificada y confrontada contra dicho patógeno.

Así también, Martínez-Absalón et al. (2014) observaron que al someter sobrenadantes líquidos de *B. thuringiensis* UM96 al inhibidor especifico de quitinasas, alosamidina, éstos perdieron la capacidad de inhibir el crecimiento de *B. cinerea*, evidenciando la importancia de las quitinasas en la actividad de control biológico de dicha cepa.

Estudios similares han sido desarrollados en otros patosistemas. Por ejemplo, Compant et al. (2005) informaron actividad quitinolítica y antifúngica de *Bulkholderia cepacia* contra los hongos fitopatógenos del suelo *R. solani*, *P. ultimun* y *S. rolfsii*. Los mismos observaron cómo esta especie bacteriana fue capaz de causar lisis de las paredes celulares de estos agentes fitopatógenos y provocarles diferentes anomalías a sus micelios.

Sethi y Mukherjee (2018) aislaron y seleccionaron diferentes cepas de *Bacillus* de la rizósfera del arroz (*Oryza sativa* L.) por su actividad antifúngica contra los hongos patógenos *R. solani*, *S. rolfsii* y *S. oryzae*. Estos autores, mencionan a la actividad quitinolítica de las cepas de *Bacillus*, como uno de los mecanismos que provocaron tal efecto y sugieren de esta forma su empleo como potenciales agentes biocontroladores en el cultivo del arroz contra estos hongos patógenos.

Los estudios de ingeniería genética enfocados a incrementar la actividad antifúngica de cepas de *Bacillus* han logrado exitosamente la inserción de genes codificantes a enzimas líticas, tal como el gen ChiA de *B. subtilis* F29–3 en *B. circulans* Jordan, obteniendo un fenotipo más agresivo contra *B. elliptica* (Chen et al., 2004). Además, Zhang et al. (2012) incrementaron significativamente la actividad antifúngica de *Burkholderia vietnamiensis* Gillis *et al.* P418 frente a diferentes hongos fitopatógenos mediante la inserción cromosómica de gen Chi113, proveniente de una cepa de *B. subtilis*.

Basado en los resultados obtenidos (Tabla 8), se determinó que las cepas *B. subtilis* 9-2, *B. amyloliquefaciens* 24, *B. mycoides* 29-2, *Bacillus* sp. 33, *B. cereus* (45-1, 51-2, 53-4) y *Bacillus* sp. 72, cumplieron con todos los criterios de selección establecidos, por lo que se seleccionaron como las cepas más promisorias para realizar los experimentos posteriores.

Tabla 8. Selección de las especies endófitas de *Bacillus* de acuerdo con los criterios establecidos previamente

Código (#)	Especie	PICR (> 50 %)	AQ (> 20 mm)
9-2	*B. subtilis*	54,5	32,5
24	*B. amyloliquefaciens*	68,9	34,0
29-2	*B. mycoides*	52,8	32,3
33	*Bacillus* sp.	73,9	33,5
45-1	*B. cereus*	53,9	33,0
51-2	*B. cereus*	67,8	32,8
53-4	*B. cereus*	53,3	24,8
72	*Bacillus* sp.	63,9	25,3

Leyenda: en las columnas 3 y 4 entre paréntesis se señala el correspondiente criterio de selección, PICR (porcentaje de inhibición del crecimiento radial), AQ (actividad quitinolítica)

4.3 Efecto de la emisión de compuestos volátiles de las cepas de *Bacillus* seleccionadas sobre el crecimiento micelial y esporulación de *M. roreri*

4.3.1 Efecto sobre el crecimiento micelial

Se produjo inhibición del crecimiento micelial de *M. roreri* debido a los metabolitos volátiles emitidos por las cepas de *Bacillus* durante 15 días de confrontación (Figuras 12 y 13), con diferencias estadísticas significativas entre ellas.

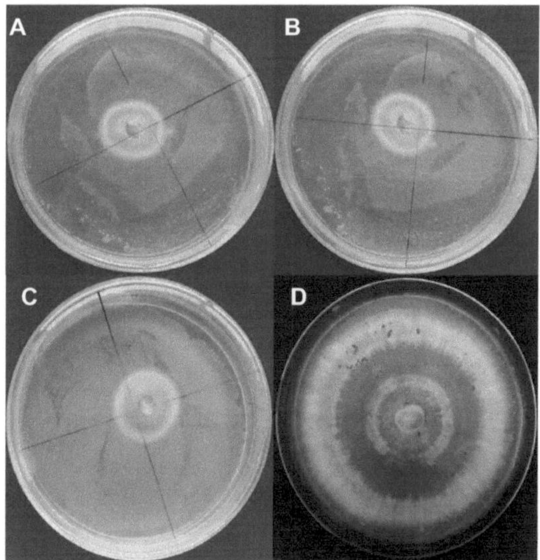

Figura 12. Inhibición del crecimiento micelial de *M. roreri* inducido por los metabolitos volátiles emitidos por las cepas endófitas de *Bacillus* spp., durante 15 días de confrontación, comparados con el control A) *B. cereus* 45-1; B) *Bacillus* sp. 33; C) *B. subtilis* 9-2; D) Control (*M. roreri* sin bacteria)

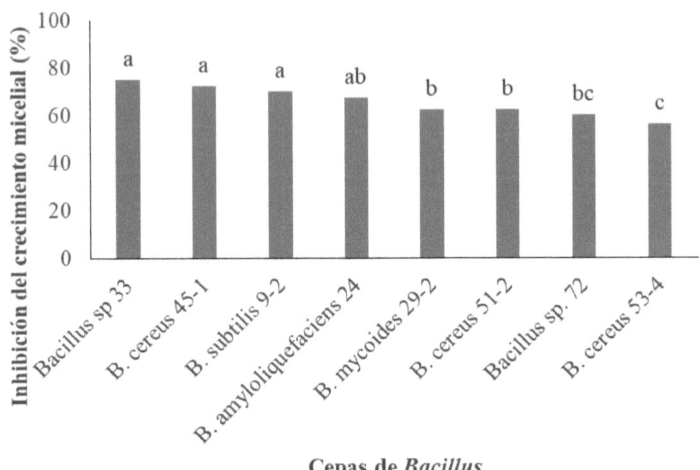

Figura 13. Porcentaje de Inhibición del crecimiento micelial de *M. roreri* inducido por los metabolitos volátiles emitidos por las cepas endófitas de *Bacillus* spp. durante 15 días de confrontación

Medianas con letras distintas para los aislados difieren significativamente según la prueba de Kruskal-Wallis H (7, N= 32) =30,96502 p =0,0001 y comparación múltiple de medias no paramétrica p < 0,008

Los metabolitos volátiles de las cepas *Bacillus* sp. 33, *B. cereus* 45-1, *B. subtilis* 9-2 y *B. amyloliquefaciens* 24, produjeron los mayores porcentajes de inhibición del crecimiento micelial de *M. roreri*, con valores superiores al 67,5 %, sin diferencias significativas entre ellos; mientras que las cepas *Bacillus* sp. 33, *B. cereus* 45-1 y *B. subtilis* 9-2, difirieron con *B. mycoides* 29-2, *B. cereus* 51-2, *Bacillus* sp. 72 y *Bacillus cereus* 53-4. Esta última cepa, fue la que tuvo el menor porcentaje de inhibición del crecimiento micelial con un 56,2 %.

Los porcentajes de inhibición del crecimiento micelial obtenidos en este trabajo fueron superiores a los informados por de la Cruz et al. (2022); de acuerdo con sus resultados, los compuestos volátiles emitidos por las bacterias endófitas *B. pumilus* CFFSUR-B34 y *B. muralis* CFFSUR-B38, solo alcanzaron una inhibición máxima de 37,5 % en *M. roreri*. Esto podría deberse fundamentalmente a las cepas utilizadas y el tipo de especie.

Por otro lado, estos resultados demostraron la actividad antifúngica de las bacterias endófitas provenientes de mazorcas de cacao sobre *M. roreri*, debido a la emisión de compuestos volátiles. En nuestro estudio no se identificaron los mismos; sin embargo, diversos investigadores informaron acerca de la emisión de compuestos volátiles (benzaldehído, el 1,2-bencisotiazol-3 (2 H) y el 1,3-butadieno) en cepas de *Bacillus* spp., con capacidad para inhibir el crecimiento de agentes fitopatógenos (Hong y Park, 2016; Thair et al., 2017).

Wu et al. (2014), informaron que los compuestos volátiles emitidos por *B. amyloliquefaciens* poseen actividad antimicrobiana de amplio espectro contra los hongos fitopatógenos *Fusarium oxysporum* f. sp. *cucumerinum* J.H. Owen, *F. oxysporum* Schleicher Fr. *f.sp. niveum* (E. Smith) W. C. Snyder & H. N. Hans., *R. solani* Kühn, *F. oxysporum* f. sp. *cubense* (E.F. Sm.), W.C. Snyder & H.N. Hansen y *Verticillium dahliae* Kleb. Años más tarde, Tahir et al. (2017) encontraron que los compuestos volátiles emitidos por *B. amyloliquefaciens* FZB42 y *Bacillus artrophaeus* LSSC22 protegieron las plantas de tabaco (*Nicotiana tabacum* L.) obtenidas *in vitro* y crecidas en macetas contra *Ralstonia solanacearum* (Smith.) Yabuuchi *et al.*

4.3.2 Efecto sobre la esporulación

Con respecto a la inhibición de la esporulación de *M. roreri*, las cepas *Bacillus* sp. 33, *B. cereus* 45-1, *B. subtilis* 9-2 y *B. amyloliquefaciens* 24 produjeron valores superiores al 72,5 %, sin diferencias significativas entre ellos; mientras que las cepas *Bacillus* sp. 33, *B. cereus* 45-1 y *B. subtilis* 9-2, difirieron con *B. mycoides* 29-2, *B. cereus* 51-2, *Bacillus cereus* 53-4 y *Bacillus* sp. 72. Este último fue el que tuvo el menor porcentaje de inhibición de esporulación con un 50,6 % (Figura 14).

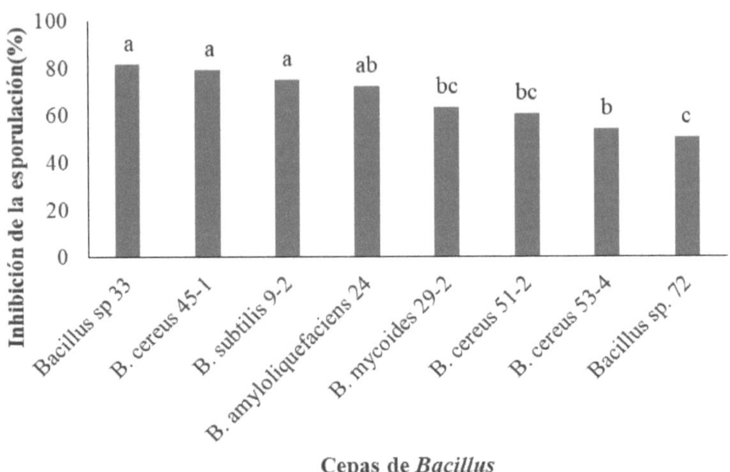

Figura 14. Porcentaje de Inhibición de la esporulación de *M. roreri* inducido por los metabolitos volátiles emitidos por los aislados bacterianos endófitos de *Bacillus* spp. durante 15 días de confrontación

Medianas con letras distintas para los aislados difieren significativamente según la prueba de Kruskal-Wallis: H (7, N= 32) =30,58469 p =0,0001 y comparación múltiple de medias no paramétrica ($p < 0,008$).

Los resultados obtenidos en el presente trabajo, respecto al efecto de los metabolitos volátiles emitidos por las bacterias endófitas sobre la inhibición de la esporulación de *M. roreri*, es un hallazgo que proporciona nuevas posibilidades de control de la enfermedad. Igualmente, concuerdan con los informes de la Cruz (2014), que encontraron otros aislados endófitos del género *Bacillus* (*B. muralis* CFFSUR-B38, *B. pumilus* CFFS81UR-B34), aisladas de hojas de cacao, capaces de emitir volátiles que disminuyeron en más de un 81 % la formación de esporas de *M. roreri*.

Diferentes investigaciones demostraron el efecto negativo que provocan los compuestos volátiles de *Bacillus* sobre las funciones fisiológicas de los hongos, tales como la esporulación y germinación de esporas. Massawe *et al.* (2018), determinaron que ocho compuestos volátiles de *Bacillus velezensis* VM 11, redujeron la producción de esclerocios del hongo ascomycete *Sclerotinia sclerotiorum* (Lib.) de Bary. y provocaron cambios morfológicos en las células miceliales.

Otros autores como Nawaz et al. (2018), evaluaron la actividad de los metabolitos antifúngicos producidos por *Bacillus licheniformis* OE04, contra *Colletotrichum gossypii* Southw. Estos investigadores hallaron que la cepa en estudio inhibió *in vitro* de la germinación de esporas de *C. gossypii*. Ese estudio demostró el efecto potencial de *B. licheniformis*, como alternativa para el control de la antracnosis del algodón.

Recientemente, Rong et al. (2020) informaron a la bacteria endofítica *Bacillus safensis* B21, con potencialidades bioplaguicida para el control del añublo del arroz causado por el hongo fitopatógeno *Magnaporthe grisea* (T.T. Hebert) M.E. Barr. Estos autores adjudican ese efecto, principalmente, a la producción de compuestos antifúngicos bioactivos como las iturinas.

De manera general, se demuestra, la actividad antifúngica *in vitro* que ejercieron los metabolitos volátiles emitidos por las especies endófitas del género *Bacillus*, aisladas de mazorcas de cacao, sobre el crecimiento micelial y esporulación de *M. roreri*. Este resultado proporciona nuevas posibilidades para el control de la moniliasis.

Los efectos de los compuestos volátiles pueden aprovecharse de dos formas, una de ellas, es la aplicación directa de las cepas bacterianas para incrementar sus poblaciones y la otra, es la aplicación del compuesto volátil sintético. De acuerdo con informes de varios investigadores, se infiere que la primera de ellas, es la de mayor potencial, debido a que en la producción de compuestos volátiles, éstas podrían ejercer algunos de los mecanismos antes mencionados, haciendo más eficiente y seguro el control del agente fitopatógeno.

Estos resultados abren nuevas perspectivas para comprender el papel y las funciones que desempeñan estas bacterias endófitas en la interacción con la planta, así como la posibilidad de desarrollar un método de control biológico eficaz contra *M. roreri* mediante la utilización de cepas identificadas del género *Bacillus*.

4.4 Efecto de la aplicación de las cepas de *Bacillus* seleccionadas en la protección de *T. cacao* frente a *M. roreri* en condiciones de campo

La incidencia de moniliasis en los frutos de cacao se redujo significativamente en lo tratamientos donde se aplicaron las suspensiones de esporas de *B. cereus* 45-1, *Bacillus* sp. 33 y

B. amiloliquefaciens 24, sobre los cojinetes florales, en cada uno de los muestreos. Estos tratamientos biológicos no tuvieron diferencias significativas con el control químico (solución de hidróxido de cobre), pero si con respecto a *B. subtilis* 9-2 y el control absoluto (Figura 15).

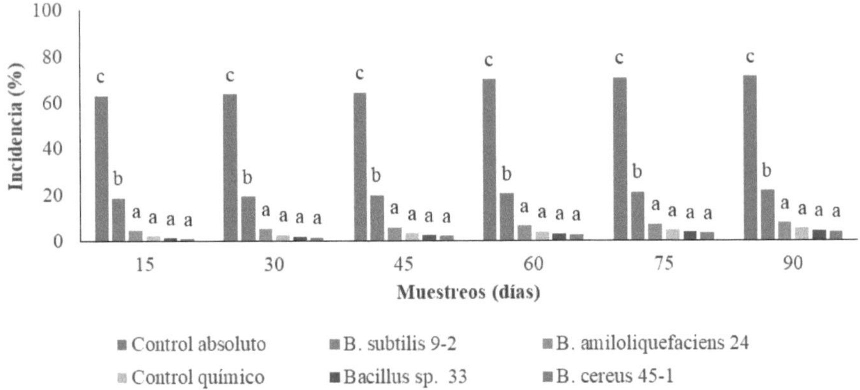

Figura 15. Efecto de los tratamientos sobre la incidencia de *M. roreri* en los diferentes muestreos

Medias con letras diferentes para cada muestreo indican diferencias estadísticas significativas. Análisis de Friedman. (N = 25; df = 5) χ^2 = 22,81621; (P = 0,00037) y Wilcoxon con corrección de Bonferroni-Holm ($P \leq 0{,}05$)

Los altos valores de incidencia de la enfermedad que se encontraron en el control absoluto durante todos los muestreos pudieran estar influenciado por el comportamiento de las variables climáticas durante el desarrollo del experimento que favorecieron la alta presión de inóculo de *M. roreri* en el cacaotal (Tabla 9).

Tabla 9. Comportamiento de las variables climáticas durante el desarrollo del experimento

Meses	**Temperaturas (°C)**			**Humedad relativa (%)**	**Lluvia acumulada (mm)**
	Máxima	**Media**	**Mínima**		
Diciembre	30,1	26,4	22,7	93,6	312,6
Enero	31,2	26,7	22,2	94,4	235,9
Febrero	32,5	27,4	22,2	95,1	384,1
Marzo	32,7	27,5	22,2	94,4	279,9

Referencia: Estación Meteorológica del Instituto Nacional de Meteorología e Hidrología (INAMHI), localizada en Quinindé, Esmeraldas, Ecuador

Según Pilaloa et al. (2021), la efectividad del control biológico se puede explicar sobre la base de dos factores: las características del agente biológico y el microambiente de la mazorca del cacao. En este sentido, todo parece indicar que las cepas bacterianas aplicadas, al ser nativas de del agroecosistema cacaotero, presentaron una gran capacidad de adaptación a esas condiciones ambientales; además, de asperjarse, en una etapa muy joven de formación del fruto (clavo).

Por otro lado, las características de las cepas de *Bacillus* spp y el microclima en el cacaotal pueden haber favorecido que las bacterias colonizaran y ocuparan, en altas concentraciones, la superficie del pericarpio del fruto en la época crítica para la moniliasis, lo cual queda demostrado en la reducción significativa de la incidencia de la enfermedad con los tratamientos biológicos aplicados.

Las condiciones del microambiente en los cacaotales del trópico húmedo son ideales para la supervivencia de las bacterias; según Jaimes-Suárez et al. (2022), la luz que llega a la mazorca es apenas un 5-10 % de la luz que incide sobre el cacaotal, con lo cual los efectos de la radiación solar son amortiguados casi totalmente por el follaje del árbol de cacao y de la sombra.

En cuanto a la humedad, Aceves y Yzquierdo (2024) afirmaron que la mazorca está cubierta por una película de agua durante varias horas al día debido al efecto de condensación y protección solar del follaje, en la que persiste una película de agua en el fitoplano que permite la distribución efectiva de las bacterias y la competencia por nutrimentos entre las bacterias y los propágulos del hongo.

Por otro lado, el efecto protector que ejercieron las bacterias aplicadas, coincide con los resultados obtenidos por Coronel (2018), quien manifiesta una reducción de la incidencia de moniliasis durante las fechas evaluadas en un ensayo realizado en la provincia de Esmeraldas.

El efecto protector de las cepas de *Bacillus*, en la reducción de la incidencia de *M. roreri*, corrobora lo referido por Melnick et al. (2011), al aplicar las cepas *Lysinibacillus sphaericus* A-20, *B. cereus* CT, *B. subtilis* CR y *B. pumilus* ET, contra las principales enfermedades de la mazorca en experimentos de campo en Ecuador. En este sentido, estos investigadores encontraron además un aumento en el número de mazorcas sanas en los dos primeros meses, de los cuatro que duró el experimento.

Shoda (2019) y Khan et al. (2020) demostraron las potencialidades de bacterias endófitas del género *Bacillus* como agentes de control biológico de hongos patógenos. En este sentido, se conoce que entre los mecanismos a través de los cuales transcurre este proceso se encuentran las relaciones de competencia, la producción de antibióticos, enzimas y de otras sustancias como sideróforos, que permiten a estos microorganismos ejercer su capacidad biocontroladora (Pavithra et al., 2020).

Los hallazgos obtenidos con las cepas *B. subtilis* 9-2, *B. amyloliquefaciens* 24, *Bacillus* sp. 33 y *B. cereus* 45-1, en el control de la enfermedad, se encuentran en correspondencia con la actividad antifúngica *in vitro* que demostraron las mismas frente *M. roreri* (Vera et al., 2021a).

Resultado similar a la variable anterior fue obtenido para la severidad externa de la enfermedad, en la cual no se detectaron diferencias significativas entre las aplicaciones de *B. cereus* 45-1, *Bacillus* sp. 33, *B. amyloliquefaciens* 24 y el control químico, pero si con respecto a *B. subtilis* 9-2 y el control absoluto (Figura 16).

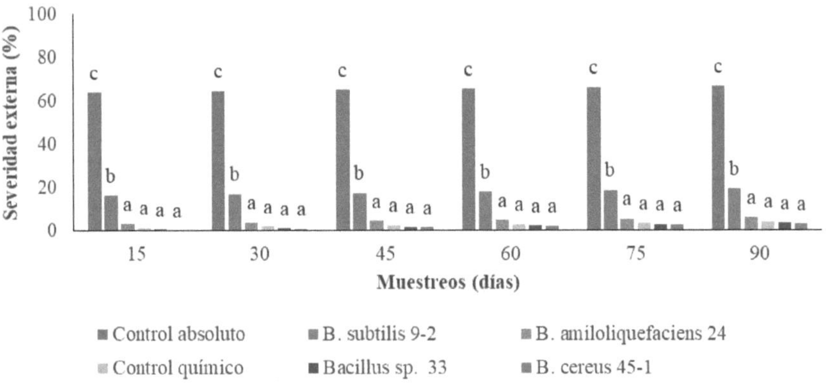

Figura 16. Efecto de los tratamientos sobre la severidad externa de *M. roreri* en los diferentes muestreos

Medias con letras diferentes para cada muestreo indican diferencias estadísticas significativas. Análisis de Friedman. (N = 25, df = 5) χ^2 = 21,33663 (P = 0,00070) y Wilcoxon con corrección de Bonferroni-Holm (P≤0,05)

La severidad del daño externo ocasionado por el hongo patógeno a las mazorcas de cacao se puede apreciar en la figura 17.

A B C

Figura 17. Síntomas de severidad externa de *M. roreri* en mazorcas de cacao a los 90 días de aplicación de las cepas de *Bacillus* spp.

A) *Bacillus* sp 33, B) *Bacillus amyloliquefaciens* 24, C) Control

Los valores de severidad obtenidos podrían estar relacionados con las variaciones en las variables climáticas durante el desarrollo del experimento. Los valores de temperatura media fluctuaron entre 26,4-27,5 °C y humedad relativa entre 93,6- 95,1 % (Tabl 10).

Phillips y Wilkinson (2007) y Phillips et al. (2007), afirmaron que el conidio de *M. roreri* necesita la presencia de agua para germinar, por lo que la moniliasis se incrementa en los meses de lluvia; en general, el hongo prolifera con precipitación anual de 780 a 5 500 mm, temperatura promedio anual de 18,6 a 28 °C y humedad relativa de 85 %, condiciones que se corresponden con las óptimas de crecimiento del hongo patógeno en este experimento.

Jaimes et al. (2008) y Suárez y Alba (2013), plantean que las especies del género *Bacillus* pueden inhibir el crecimiento y esporulación de *M. roreri*, mediante la producción de compuestos antimicrobianos. Específicamente cepas de *B. cereus* y *B. subtilis* han sido utilizadas para el control biológico de la moniliasis (Melnick et al., 2008; Melnick et al., 2011; Acebo et al., 2012; Hernández et al., 2014).

Al analizar la severidad interna, las cepas *B. cereus* 45-1 y *Bacillus* sp. 33 mostraron los mejores resultados de biocontrol de la enfermedad al diferir significativamente con *B. subtilis* 9-2 y *B. amyloliquefaciens* 24, pero sin diferencias significativas con respecto al control químico (Figuras 18 y 19).

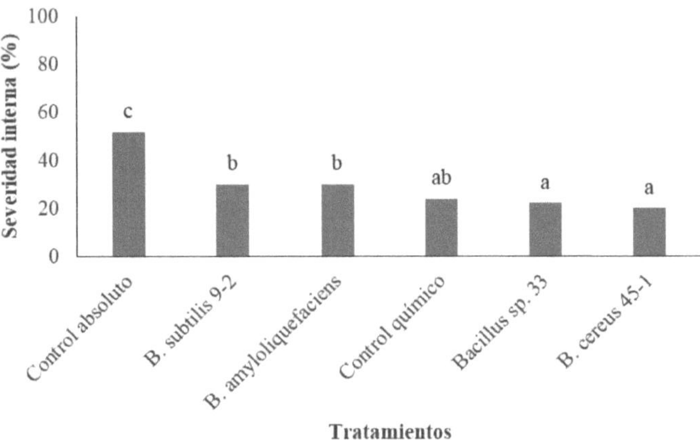

Figura 18. Efecto de los tratamientos sobre la severidad interna de *M. roreri* en frutos cosechados en estado de madurez fisiológica

Medias con letras diferentes indican diferencias estadísticas significativas. Análisis de Friedman. (N = 25, df = 5) χ^2 = 16,43836 (P = 0,00570) y Wilcoxon con corrección de Bonferroni-Holm (P≤0,05)

Las mazorcas que alcanzaron la madurez presentaron disminución en el número de semillas y anormalidades en su desarrollo (Figura 19), similar a lo observado por Evans (2007), en mazorcas infectadas por *M. roreri*.

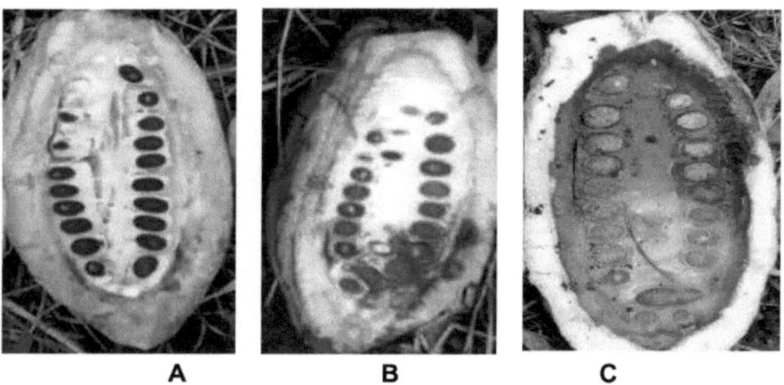

Figura 19. Síntomas de severidad interna de *M. roreri* en mazorcas de cacao a los 90 días de aplicación de las cepas de *Bacillus* spp.

A) *Bacillus* sp 33, B) *Bacillus amyloliquefaciens* 24, C) Control

Los valores de severidad externos e internos provocados por *M. roreri* a las mazorcas de cacao, demuestran la capacidad de biocontrol que tuvieron las cepas de *Bacillus*, al realizar su aplicación en condiciones de campo.

En la literatura consultada, existen limitados informes sobre el efecto de la aplicación de bacterias endófitas del género *Bacillus* sobre la incidencia y severidad de la moniliasis del cacao en condiciones de campo. La mayoría de estos estudios están vinculados, principalmente, a otras enfermedades de la mazorca del cacao. *Larbi-Koranteng* et al. (2020) y Ouattara *et al.* (2020), al evaluar la aplicación de la bacteria endófita *B. amyloliquefaciens* en el control de la enfermedad pudrición negra de la mazorca causada por *P. palmivora* en condiciones de campo, encontraron un porcentaje de control de la enfermedad que osciló entre el 53,33 y el 66,67 %. Estos autores demostraron que las bacterias endofíticas antagonistas de *Phytophthora*spp. pueden ser una solución alternativa en el biocontrol de la enfermedad.

Respecto a la colonización endofítica, el análisis estadístico mostró diferencias significativas entre las cepas del género *Bacillus* (Tabla 10). En el tratamiento donde se aplicó la cepa *Bacillus* sp. 33 fue donde se observó la mayor concentración de bacterias endófitas (2,11 x 10^9 UFC g^{-1} de masa fresca del tejido vegetal) seguida por *B. amyloliquefaciens* 24 (2,15 x 10^8 UFC g^{-1} de masa fresca del tejido vegetal). Resultados inferiores se obtuvieron con *B. cereus* 45-1 y *B. subtilis* 9-2, respectivamente.

Tabla 10. Conteo de bacterias endófitas del género *Bacillus* en los tratamientos a los 90 días de evaluación

Tratamiento	**Concentración (UFC g^{-1} masa fresca de tejido vegetal)**
Bacillus sp. 33	2,11 x 10^9 a
B. amyloliquefaciens 24	2,15 x 10^8 b
B. cereus 45-1	1,51 x 10^6 c
B. subtilis 9-2	9,18 x10^5 d
Control	1,42 x 10^4 e

Letras diferentes indican diferencias estadísticas significativas. Análisis de Friedman (N = 48, df = 4) = 181.1202 p =0.00000 y Wilcoxon con corrección de Bonferroni-Holm $p \leq 0.04119$

Al comparar la colonización endofítica de las bacterias endófitas en relación al tipo de tejido vegetal se observó diferencias significativas entre el mesocarpio y endocarpio de la mazorca. Los mayores valores para esta variable se alcanzaron en el endocarpio (8,6 x 10^8 UFC g^{-1} de masa fresca del tejido vegetal) con respecto al mesocarpio (7,06 x 10^7 UFC g^{-1} de masa fresca del tejido vegetal).

Este hallazgo pudiera estar relacionado con la cantidad de nutrientes disponibles en los tejidos internos de la mazorca de cacao que puede haber favorecido el establecimiento y multiplicación de las bacterias (Karthik et al., 2017).

De manera general, se obtuvieron resultados promisorios con todas las cepas de *Bacillus* ensayadas. No obstante, *Bacillus* sp. 33 y *B. amyloliquefaciens* 24, fueron las bacterias endófitas que sobresalieron por su alta capacidad de colonizar los tejidos de la mazorca del cacao. Este resultado podría estar determinado, por las características de las cepas, que son nativas del agroecosistema cacaotero y se encuentran adaptadas a esas condiciones ambientales.

Por otro lado, estas dos especies del género *Bacillus* alcanzaron una eficacia técnica superior a los 65 % en el control de la moniliasis del cacao, solo superadas por el tratamiento químico con el fungicida hidróxido de cobre (Figura 20).

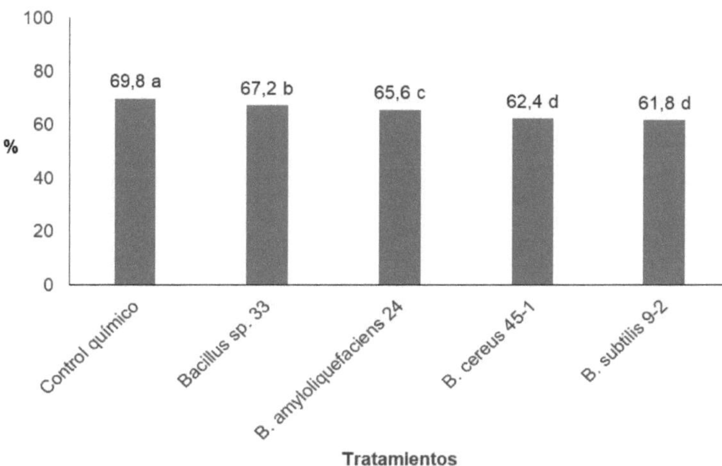

Figura 20. Eficacia técnica de los tratamientos en el control de *M. roreri*
Medias con letras diferentes indican diferencias estadísticas significativas 0,95. ANOVA de clasificación simple y comparación múltiple de medias de Tukey p< 0,0194 (N= 5)

El efecto obtenido en el presente trabajo con el fungicida Hidróxido de cobre en el control de la moniliasis, se corresponde con lo informado por Hidalgo et al. (2003) y Bateman et al. (2005), quienes hallaron una alta efectividad de los fungicidas protectantes a base de cobre en el control de *M. roreri* en condiciones de campo.

La mayoría de los estudios relacionados con el manejo de la moniliasis en condiciones de campo están vinculados, principalmente, al efecto combinado de prácticas culturales, biológicas y químicas en la reducción de la incidencia de la moniliasis como parte de programas de manejo integrado (Ortiz-García et al., 2015; Anzules et al., 2019).

En este sentido, Pilaloa et al. (2021), evaluaron el manejo agroecológico de la moniliasis en el cultivo de cacao, mediante la utilización de biofungicidas (*Bacillus* sp. y *Trichoderma* sp.) y podas fitosanitarias en el cantón La Trocal, Ecuador. Estos autores sugieren que para un mejor aprovechamiento del potencial de control biológico de *M. roreri*, la aplicación de estos antagonistas microbianos debe integrarse con prácticas de prevención de diseminación de la enfermedad y con la asociación de prácticas culturales.

En Ecuador existen escasos estudios sobre la eficacia de bacterias endófitas del género *Bacillus* en el control de *M. roreri* en campo, estos se limitan a evaluar la capacidad antagónica en condiciones *in vitro* (Melnick et al., 2011). Por lo que su aplicación en el control de la moniliasis, es una alternativa a considerar para reducir las afectaciones ocasionadas por estas, con la disminución del uso de fungicidas en los agroecosistemas que se dedican al cultivo del cacao.

4.4.1. Evaluación del efecto de las frecuencias de aplicación y las cepas de *Bacillus* seleccionadas

La incidencia de moniliasis en los frutos de cacao, en cada uno de los muestreos, fue significativamente menor en lo tratamientos donde se hicieron seis aplicaciones de suspensiones de esporas de este microorganismo, con una frecuencia quincenal, sin diferencias significativas con el tratamiento control (30 días), pero sí, con respecto al tratamiento donde se realizaron dos aplicaciones (45 días), de esta bacteria endófita (Figura 21).

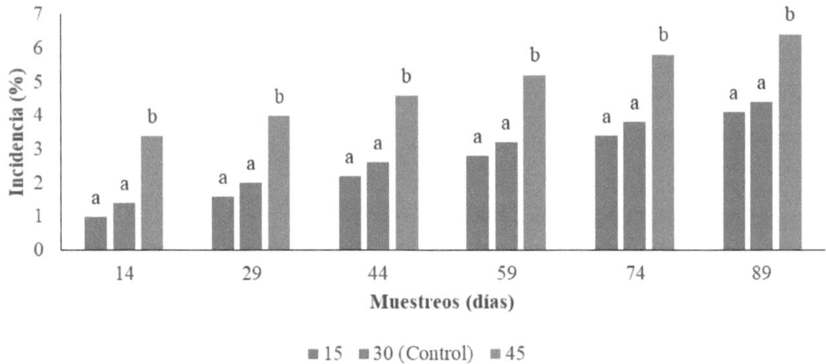

Figura 21. Efecto de la frecuencia de aplicación de *B. amyloliquefaciens* sobre la incidencia de *M. roreri* en los diferentes muestreos E.E (±)=0,263; C. V (%)= 11,8

Medias con letras diferentes indican diferencias estadísticas significativas, según Tukey ($p \leq 0,05$) (N= 30)

La explicación a este hallazgo, pudiera estar relacionada con el método de inoculación inundativo que se empleó, al aplicar la bacteria en condiciones de campo, así como, las interacciones microbianas complejas que se establecieron entre este antagonista y el agente patógeno sobre la planta. Resultados que le permitió a la bacteria poder establecerse en ese nicho ecológico, penetrar y multiplicarse en los tejidos internos de la mazorca del cacao y ejercer su efecto de biocontrol sobre el hongo patógeno.

Estos resultados se encuentran en correspondencia con los obtenidos por Krauss et al. (2006), al emplear estrategias de biocontrol inundativo en la enfermedad moniliasis del cacao, en países como÷ Perú, Panamá y Costa Rica, aunque con resultados variables.

De manera similar a la incidencia, para las variables severidad externa e interna, no se hallaron diferencias significativas entre las frecuencias de aplicación de la cepa de *Bacillus* cada 15 días y el control. Estas solo se diferenciaron del tratamiento, en la frecuencia de aplicación cada 45 días, que fue donde se obtuvieron los mayores valores de afectación externa e interna de las mazorcas (Figuras 22 y 23).

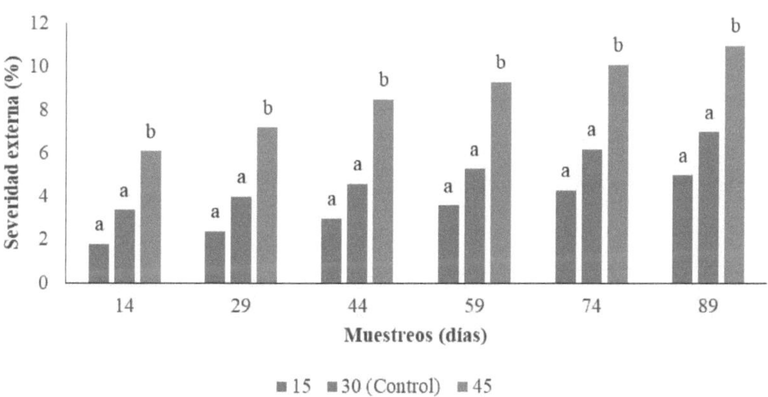

Figura 22. Efecto de la frecuencia de aplicación de *B. amyloliquefaciens* sobre la severidad externa de *M. roreri* en los diferentes muestreos E.E (±)=0,37; C. V (%)= 18,2

Medias con letras diferentes indican diferencias estadísticas significativas, según Tukey (p≤0,05) (N= 30)

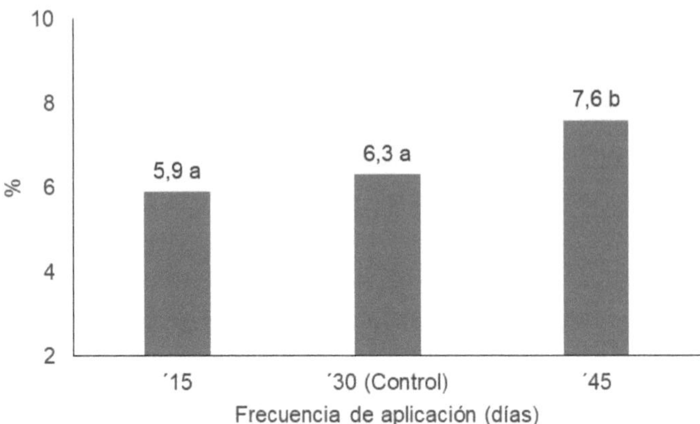

Figura 23. Efecto de la frecuencia de aplicación de *B. amyloliquefaciens* sobre la severidad interna de *M. roreri* en frutos cosechados en estado de madurez fisiológica E.E (±)=0,052; C. V (%)= 11,7
Medias con letras diferentes indican diferencias estadísticas significativas, según Tukey ($p \leq 0,05$) (N= 30)

Los valores de severidad obtenidos podrían estar relacionados con las variaciones en las variables climáticas durante el desarrollo del experimento. Los valores de temperatura media fluctuaron entre 24,6-27,5 °C y humedad relativa entre 84,8- 94,5 % (Tabla 11).

Tabla 11. Comportamiento de las variables climáticas durante el desarrollo del experimento

Meses	Temperaturas (°C)			Humedad relativa (%)	Lluvia acumulada (mm)
	Máxima	Media	Mínima		
Abril	32,8	27,5	22,1	94,5	297,1
Mayo	31,0	26,6	22,2	91,2	332,3
Junio	29,6	24,6	19,5	91,0	188,8
Julio	30,7	25,8	20,8	84,8	103

Referencia: Estación Meteorológica del Instituto Nacional de Meteorología e Hidrología (INAMHI), localizada en Quinindé, Esmeraldas, Ecuador

Phillips y Wilkinson (2007) y Phillips et al. (2007), afirmaron que el conidio de *M. roreri* necesita la presencia de agua para germinar, por lo que la moniliasis se incrementa en los meses de lluvia; en general, el hongo prolifera con precipitación anual de 780 a 5 500 mm, temperatura promedio anual de 18,6 a 28 °C y humedad relativa de 85 %, condiciones que se corresponden con las óptimas de crecimiento del hongo patógeno en este experimento.

Este resultado coincide con lo que expresa Muñoz (2019), al referir que el control biológico no elimina la enfermedad, sino que reduce las poblaciones de *M. roreri* y como consecuencia, reduce el daño externo e interno de la enfermedad.

En la literatura científica, existen escasos informes sobre el efecto de las frecuencias de aplicación de bacterias endófitas sobre la moniliasis. Algunos ejemplos se ilustran en Colombia, donde el empleo de *Bacillus* sp. redujo la incidencia de la moniliasis en un 13,5 % (Villamil et al., 2015). En México, la aplicación del agente de control biológico, *Paenibacillus* sp. NMA1017, disminuyó la incidencia y severidades externas e internas de la moniliasis de un 66,6 a un 27 % (Gómez-de la Cruz et al., 2023). Estos mismos autores, informaron que el uso de esta cepa de *Paenibacillus* sp. puede constituir una alternativa dentro de un programa de manejo integrado de enfermedades para lograr una producción sostenible de cacao.

En el caso de la variable colonización endofítica, no se encontraron diferencias significativas al realizar las aplicaciones de las bacterias con una frecuencia quincenal respecto al control (30 días), pero sí, con respecto a las aplicaciones cada 45 días (Tabla 12).

Tabla 12. Conteo de *B. amyloliquefaciens* endófito en relación a la frecuencia de aplicación

Frecuencia de aplicación (días)	**Concentración (UFC g^{-1} masa fresca de tejido vegetal)**
15	7,3 x 10^8 a
45	6,8 x 10^8 b
30 (Control)	7,5 x 10^8 a
E.E (±)	0,002
C. V (%)	10,4

Medias con letras diferentes indican diferencias estadísticas significativas, según Tukey ($P\leq 0,05$) (N=30)
E.E= error estándar C.V=coeficiente de variación

De igual forma, se encontraron diferencias significativas para las eficacias técnicas promedio de las cepas de *Bacillus*, en relación a la frecuencia de aplicación (Figura 24).

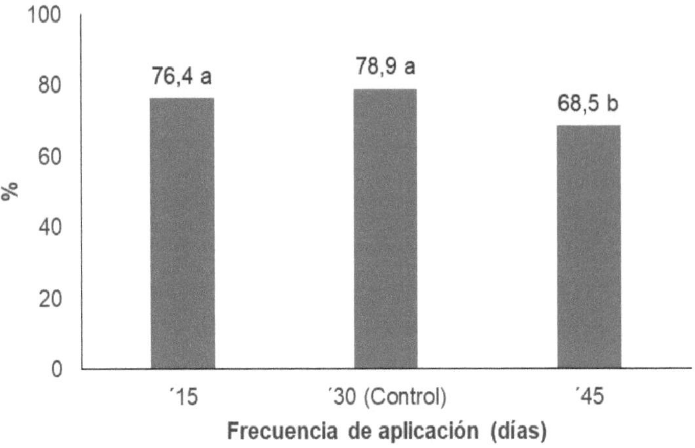

Figura 24. Eficacia en relación a la frecuencia de aplicación de las cepas de *Bacillus*
Medias con letras diferentes indican diferencias estadísticas significativas 0,95. ANOVA factorial y comparación múltiple de medias de Tukey $p<0,000127$

Eficacias técnicas promedios superiores al 75 %, se obtuvieron para las bacterias endófitas al aplicarlas con una frecuencia quincenal y mensual, sin diferencias significativas entre ellas, pero sí con respecto a su aplicación cada 45 días.

Estos resultados se encuentran en correspondencia con los bajos valores de incidencia y severidad (externa e interna) encontrados para la enfermedad, al aplicar *B. amyloliquefaciens* 24, con una frecuencia quincenal en condiciones de campo. Hecho que refuerza, las potencialidades de esta cepa a partir de sus mecanismos de biocontrol.

Maldonado (2015), encontró una disminución del 40 % en la incidencia de esta enfermedad, luego de realizar podas y raleos fitosanitarios en cacao. Otro componente importante dentro del manejo integrado de esta enfermedad es el uso de antagonistas (Villamil et al., 2015) como *Bacillus subtilis*, el cual es usado para controlar diversos fitopatógenos en cultivos de importancia económica (Ashwini y Srividya, 2014; Reiss y Jorgensen, 2017).

En Colombia, Villamil et al. (2015), en un ensayo de laboratorio comparó, una cepa de *Bacillus* con dos de *Trichoderma* y encontró que una de las cepas del hongo fue más efectiva y recomendable para ensayos de control de moniliasis a nivel de campo.

En Ecuador, también en un ensayo de campo, los tratamientos con preparados en base a *Pseudomonas cepacea* y *B. subtilis*, exhibieron un área de progreso de la curva de la enfermedad, menor que cuando solo se hizo eliminación de frutos enfermos cada 15 días (Estrella y Cedeño, 2012).

El resultado obtenido en el presente estudio reveló la estabilidad que presentan las cepas bacterianas *B. amyloliquefaciens* 24 y *Bacillus* sp. 33 en el control de la enfermedad en condiciones de campo, así como, demostró su potencial como agente de control biológico.

El control eficiente de enfermedades por parte de los agentes de control biológico requiere que éstos sean capaces de establecerse e interactuar con su planta hospedante (Pérez-García et al., 2011).

Consideraciones generales

El uso de bacterias endófitas del género *Bacillus*, en el manejo de agentes patógenos que afectan cultivos anuales y perennes, se presenta como alternativa a los problemas ambientales causados por la agricultura.

Estos microorganismos, tienen la ventaja que una vez dentro de los tejidos de la planta, no se ven afectados por las condiciones ambientales externas como la temperatura, la salinidad, la radiación ultravioleta, el potencial osmótico, el pH y el estrés por sequía.

En Ecuador existen limitadas investigaciones referidas a este género bacteriano, contra el agente causal de la moniliasis del cacao. Hasta la fecha, solo se informan los estudios realizados *in vitro* por Melnick et al. (2008, 2011), contra los principales hongos patógenos que afectan las mazorcas de cacao. Estos mismos autores emplearon con éxitos varias cepas de *Bacillus* spp., en el manejo de las enfermedades pudrición negra de la mazorca, escoba de bruja y moniliasis del cacao, durante dos campañas consecutivas en condiciones experimentales en la provincia Los

Ríos.

La determinación de la presencia de bacterias endófitas formadoras de endosporas asociadas a *T. cacao*, permitió obtener 45 cepas pertenecientes al género *Bacillus*, asociadas a los tejidos de los órganos reproductivos (flores y frutos), con predominio en el endocarpio; constituyendo este, el primer informe del aislamiento del género *Bacillus* a partir de muestras de frutos del cultivar Criollo tipo Nacional (autóctono de Ecuador).

Tomando en consideración los resultados anteriores, se evaluó la actividad antifúngica *in vitro* de las cepas de *Bacillus* frente a *M. roreri* y su capacidad quitinolítica. Estos elementos permitieron la selección de ocho cepas [*Bacillus subtilis* 9-2, *B. amyloliquefaciens* 24, *B. mycoides* 29-2, *B. cereus* (45-1, 51-2 y 53-4) y *Bacillus* sp. (33 y 72)], con potencialidades como agentes de biocontrol de este hongo fitopatógeno. En el presente trabajo, aunque no se determinaron los compuestos antimicrobianos responsables de este efecto inhibitorio, se infiere que este pudiera estar dado por la gran variedad de antibióticos que producen las cepas de *Bacillus* spp., que tienen la capacidad de inhibir el crecimiento de *M. roreri.*

En un segundo momento de selección, se determinó el efecto inhibitorio de los compuestos volátiles emitidos por estas ocho cepas de *Bacillus* seleccionadas sobre el crecimiento micelial y esporulación del hongo patógeno. Como resultado se obtienen cuatro cepas (*Bacillus subtilis* 9-2, *B. amyloliquefaciens* 24, *B. cereus* 45-1 y *Bacillus* sp. 33), que demuestran la actividad antifúngica *in vitro* que ejercieron los metabolitos volátiles emitidos por las especies endófitas del género *Bacillus*, aisladas de mazorcas de cacao, sobre el crecimiento micelial y esporulación de *M. roreri*.

Estos resultados, abren nuevas perspectivas para comprender el papel y las funciones que desempeñan estas bacterias endófitas en la interacción con la planta, así como la posibilidad de desarrollar un método de control biológico eficaz contra *M. roreri*.

Los resultados satisfactorios obtenidos con estas cuatro cepas de *Bacillus* en condiciones *in vitro*, permitió evaluar su efecto en la protección de *T. cacao* frente a *M. roreri* en condiciones de campo, a través de las variables incidencia, severidad externa e interna y eficacia de estos agentes biológicos. Lo que constituye el primer informe en el cantón Quinindé, provincia Esmeraldas en

Ecuador, la aplicación *in vivo* de *B. amyloliquefaciens* 24 y *Bacillus* sp. 33, con la obtención de una eficacia superior al 75 % en el control del agente etiológico de la moniliasis del cacao.

El proceso de selección, probó la elevada capacidad antagónica de las 45 cepas evaluadas. Esta expresión que se vio reflejada en que de las ocho cepas probadas en las condiciones *in vitro*, cuatro mantuvieron un antagonismo similar en campo. De igual manera, indica que el proceso selectivo de cepas promisorias de *Bacillus* debe ser potenciado desde la experimentación *in vitro*, tomando en cuenta los mecanismos de acción del antagonista, que garanticen la eficacia estable del mismo en condiciones de campo.

Este trabajo proporciona una primera exploración del potencial endofítico y antagonista de *B. amyloliquefaciens* 24 y *Bacillus* sp. 33 al colonizar las mazorcas de cacao y constituye una alternativa eficiente de control biológico contra *M. roreri* en campo. Además, los resultados obtenidos en este trabajo se ajustan a la tendencia actual del desarrollo agrícola, ya que la selección bacterias endófitas del género *Bacillus* como agentes de biocontrol de *M. roreri* y la definición de las condiciones para su aplicación, son elementos novedosos e importantes para la obtención de resultados estables, confiables y seguros en campo.

En la figura 25 se muestra un esquema metodológico para la selección de cepas de *Bacillus* endófitos como agentes de biocontrol de *M. roreri.*

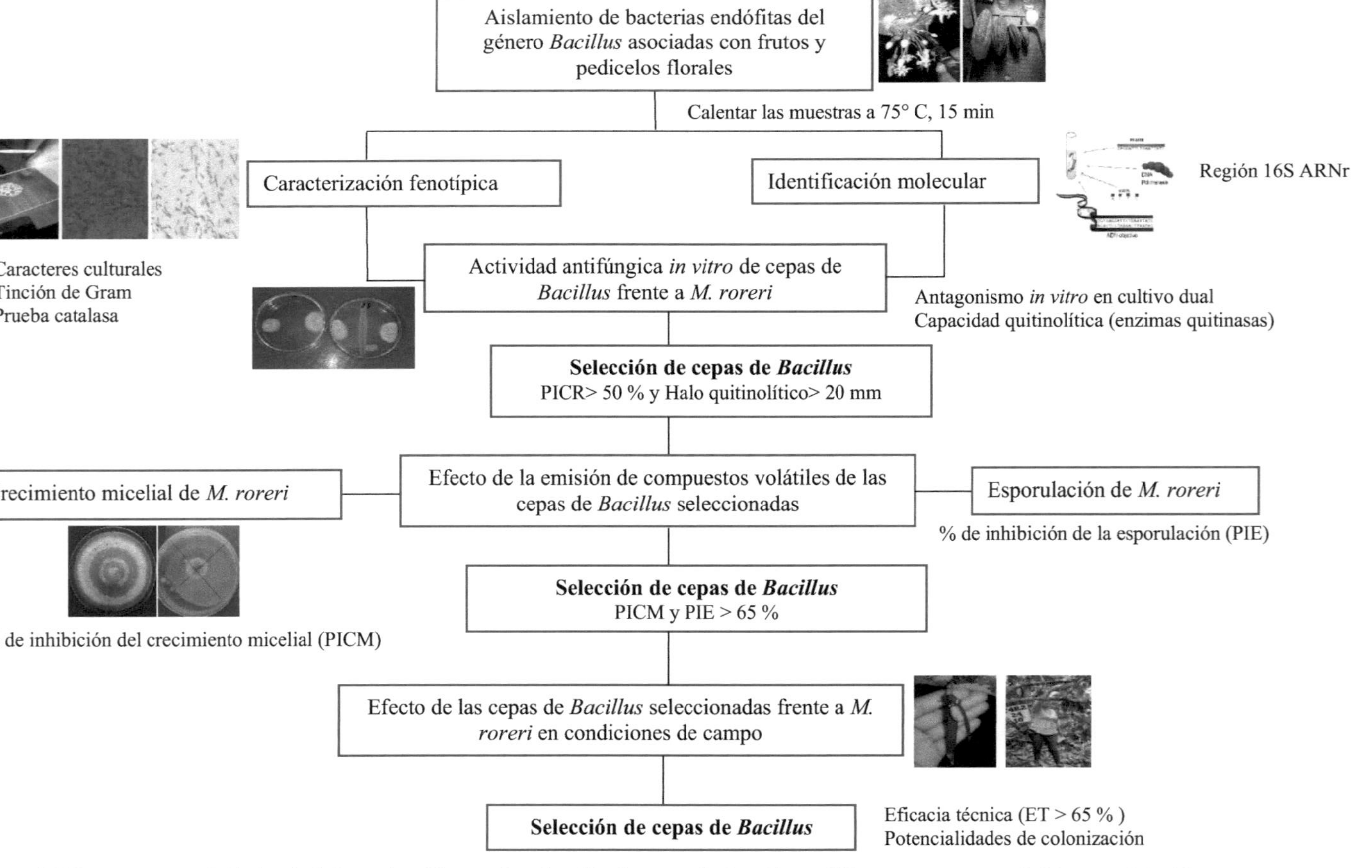

Figura 25. Esquema metodológico de la investigación para la selección de cepas de *Bacillus* endófitos como agentes de biocontrol de *M. roreri*

Fuente: Elaboración propia

5. CONCLUSIONES

1. En *Theobroma cacao* c.v *Criollo* tipo Nacional, se encontraron asociados a los tejidos de la mazorca y cojinetes florales, bacterias endófitas pertenecientes al género *Bacillus* con predomino en el endocarpio.

2. Se seleccionaron cepas de *Bacillus* endófitos de acuerdo a su antagonismo *in vitro* frente a *M. roreri,* productoras de metabolitos volátiles con efecto sobre el hongo patógeno y actividad quitinasa.

3. Las aplicaciones de las cepas de *Bacillus* seleccionadas mostraron efecto de biocontrol sobre *M. roreri* en condiciones de campo; sobresaliendo *Bacillus* sp. 33 y *B. amyloliquefaciens* 24 por su alta capacidad de colonización endofítica y eficacia técnica superior al 75 %.

4. La frecuencia de aplicación quincenal de las cepas *Bacillus* sp. 33 y *B. amyloliquefaciens* 24 demostraron efecto de biocontrol sobre *M. roreri* en condiciones de campo, sin diferencias con el control.

6. RECOMENDACIONES

1. Identificar los compuestos antimicrobianos involucrados en el biocontrol de las bacterias endófitas *Bacillus subtilis* 9-2, *Bacillus amyloliquefaciens* 24 y *Bacillus cereus* y *Bacillus* sp. 33 sobre *M. roreri*.

2. Evaluar el efecto de la aplicación de *Bacillus* sp. 33 y *B. amyloliquefaciens* 24 en otras zonas productoras de cacao en Ecuador, con condiciones edafoclimáticas diferentes a las estudiadas.

3. Realizar estudios de compatibilidad entre las cepas de *Bacillus* endófitos seleccionadas.

4. Evaluar el efecto de la inoculación de *Bacillus* sp. 33 y *B. amyloliquefaciens* 24 sobre la calidad del producto cosechado.

7. BIBLIOGRÁFÍA

1. AboHamed S, Collin HA, Hardwick K (1983) Biochemical and physiological aspects of leaf development in cocoa (*Theobroma cacao* L.). VII. Growth, orientation, surface structure and water loss from developing flush leaves. *New Phytologist* 95(1):9-17.
2. Abo-Koura HA (2023) Endophytic bacteria; diversity, characterization and role in agriculture. *Journal of Basic & Applied Science* 19:116-130.
3. Acebo Y, Hernández A, Heydrich M, El Jaziri M, Hernández AN (2012) Management of black pod rot in cacao (*Theobroma cacao* L.): a review. *Fruits* 67(1):41-48.
4. Aime MC, Phillips-Mora W (2005) The causal agent of witches' broom and frosty pod rot of cacao (chocolate, *Theobroma cacao*) form a new lineage of Marasmiaceae. *Mycologia* 97(5):1012–1022.
5. Ait Barka E, Belarbi A, Hachet C, Nowak J, Audran JC (2000) Enhancement of *in vitro* growth and resistance to gray mould of *Vitis vinifera* cocultured with plant growth-promoting rhizobacteria. *FEMS microbiology letters* 186(1):91–95.
6. Ait Barka E, Gognies S, Nowak J, Audran J, Belarbi A (2002) Inhibitory effect of endophyte bacteria on *Botrytis cinerea* and its influence to promote the grapevine growth. *Biological control* 24(2):135–142.
7. Akram W, Anjum T, Ali B (2016) Phenylacetic acid is ISR determinant produced by *Bacillus fortis* IAGS162, which involves extensive re-modulation in metabolomics of tomato to protect against *Fusarium* wilt. *Frontiers in plant science* 7:498.
8. Amores F, Agama J, Mite F, Jiménez J, Loor G, Quiroz J (2009) EET-544 y EET-558 nuevos clones de cacao nacional para la producción bajo riego en la península de Santa Elena. Boletín divulgativo No. 134. Estación Experimental Tropical Pichilingue. Quevedo, Ecuador. 47 pp.
9. Anand U, Pal T, Yadav N, Kumar Singh V, Tripathi V, Kumar Choudhary K, Kumar Shukla A, Sunita K, Kumar A, Bontempi E, Ma Y, Kolton M, Kishore Singh A (2023) Current scenario and future prospects of endophytic microbes: Promising candidates for abiotic and biotic stress management for agricultural and environmental sustainability. *Microbial Ecology* https://doi.org/10.1007/s00248-023-02190-1.
10. Anecacao (2020) Exportación ecuatoriana de cacao 2020. Boletín Divulgativo. Elaborado por Ricky Moncayo. Guayaquil, Ecuador. 6 pp.
11. Aneja M, Gianfagna T, Ng E (1999) The roles of abscisic acid and ethylene in the abscission and senescence of cocoa flowers. *Plant Growth Regulation* 27:149-155.

12. Anzules V, Borjas R, Alvarado L, Castro-Cepero V, Julca-Otiniano A (2019) Control cultural, biológico y químico de *Moniliophthora roreri* y *Phytophthora* spp. en *Theobroma cacao* CCN-51. *Scientia Agropecuaria* 10(4):511-520.
13. Araújo WL, Marcon J, Maccheroni W, van Elas JD, van Vuurde JWL, Azevedo JL (2002) Diversity of endophytic bacterial populations and their interaction with *Xylella fastidiosa* in citrus plants. *Applied and environmental microbiology* 68(10):4906-4914.
14. Arguelles-Arias A, Ongena M, Halimi B, Lara Y, Brans A, Joris B, Fickers P (2009) *Bacillus amyloliquefaciens* GA1 as a source of potent antibiotics and other secondary metabolites for biocontrol of plant pathogens. *Microbial cell factories* 8:1–12.
15. Argüello, O (2000) Manejo Integrado de la Moniliasis del cacao en Santander. Tecnología para el mejoramiento del sistema de producción de cacao. Impresores Colombianos. Bucaramanga, Colombia. 84 pp.
16. Arias S (2007) Crisis sector cacaotero local por plaga. Disponible en: http://www.tabascohoy.com.mx/nota.php?id_nota=134104. Consultado mayo de 2012
17. Arrebola E, Sivakumar D, Korsten L (2010) Effect of volatile compounds produced by *Bacillus* strains on postharvest decay in citrus. *Biological control* 53(1):122–128.
18. Ashwini N, Srividya (2014) Potentiality of *Bacillus subtilis* as biocontrol agent for management of anthracnose disease of chilli caused by *Colletotrichum gloeosporioides* OGC. *Biotech.* 4(2):127-136.
19. Backman PA, Sikora RA (2008) Endophytes: An emerging tool for biological control. *Biological control* 46(1):1–3.
20. Bacon CW, Hinton DM (2014) Microbial endophytes: Future challenges. En: Vijay C. Verma, Alan C. Gange (eds.). Advances in Endophytic Research. Springer New Delhi Heidelberg New York Dordrecht London, p. 441-451.
21. Bailey BA, Bae H, Strem MD, Roberts DP, Thomas SE, Samuels GJ, Choi IkY, Holmes KA (2006) Fungal and plant gene expression during the colonization of cacao seedlings by endophytic isolates of four *Trichoderma* species. *Planta* 224: 1449–1464.
22. Bailey BA, Evans HC, Phillips-Mora W, Ali SS, Meinhardt LW (2018) *Monilophthora roreri*, causal agent of cacao frosty pod rot. *Molecular plant pathology* 19(7):1580-1594.
23. Bailey BA, Meinhardt LW (2016) Cacao Diseases: A History of Old Enemies and New Encounters. Springer Cham Heidelberg New York Dordrecht London, 630pp.
24. Baralt AE, Fernández R, Sosa D, Iztúriz MA, Parra D, Pérez S (2012) Identificación preliminar de hongos endófitos cultivables presentes en hojas y frutos de cacao. En:

Resumen del Primer Congreso Venezolano de Ciencia, Tecnología e Innovación, Caracas, Venezuela.Barka EA, Gognies S, Nowak J, Audran JC, Belarbi A (2002) Inhibitory effect of endophyte bacteria on *Botrytis cinerea* and its influence to promote the grapevine growth. *Biological control* 24(2):135-142.

25. Barreto TR, da Silva CM, Soares ACF, de Souza JT (2008) Population densities and genetic diversity of actinomycetes associated to the rhizosphere of *Theobroma cacao*. *Brazilian Journal of Microbiology* 39:464-470.
26. Barros O (1966) Valor de las prácticas culturales como método para reducir la incidencia de Monilia en plantaciones de cacao. *Agricultura Tropical* (Colombia) 22(12):605–612.
27. Barros O (1981) Avances en la represión de la moniliasis del cacao. En: Proceedings of the Eighth International Cocoa Research Conference. Cargagena: Cocoa Producers' Alliance.
28. Bartley BGD (2005) The genetic diversity of cacao and its utilization. Wallingford: CABI Publishing. p. 341.
29. Bateman R, Arias D, Guerrero R, Hebbar P, Súarez Capello C (2005) Assessing the options for spray interventions to control the *Moniliophthora* disease complex of cacao in Ecuador. Instituto Nacional Autónomo de Investigaciones Agropecuarias (INIAP), Ecuador. Disponible en: http://www.repositorio.iniap.gob.ec/handle/41000/3384. Consultado enero de 2017.
30. Bayer C, Kubitzki K (2003) Malvaceae. En: Flowering Plants· Dicotyledons Springer, Berlin, Heidelberg. p. 225-311.
31. BCE (2021) Banco Central del Ecuador. Disponible en: http://www.revistalideres.ec/lideres/produccion-cacao-ecuador-crecimiento-bce.html. Consultado junio de 2021.
32. Bejarano G (1961) Métodos de inoculación artificial y factores favorables para la infección de *Monilia roreri* Cif. & Par. Ing Agr Thesis, Universidad Central, Quito, Ecuador.
33. Benhamou N, Gagné S, Quéré DL, Dehbi I (2000) Bacterial mediated induced resistance in cucumber: beneficial effect of the endophytic bacterium *Serratia plymuthica* on the protection against infection by *Pythium ultimum*. *Biochemistry and Cell Biology* 90(1): 45-56.

34. Bou G, Fernández A, García de la Fuente C, Saéz J, Valdezate S (2011) Métodos de identificación bacteriana en el laboratorio de microbiología. *Revista de Enfermedades infecciosas y microbiología clínica* 29(8):601-608.
35. Bowman SM, Free SJ (2006) The structure and synthesis of the fungal cell wall. *Bioessays* 28(8):799-808.
36. Brenes O (1983) Evaluación de la resistencia a *Monilia roreri* y su relación con algunas características morfológicas del fruto de cultivares de cacao (*Theobroma cacao* L.). Tesis de Maestro en Ciencias. CATIE Centro Agronómico Tropical de Investigación y Enseñanza, Costa Rica. 60 pp.
37. Calvo P, Zúñiga D (2010) Caracterización fisiológica de cepas de *Bacillus* spp. aisladas de la rizósfera de papa (*Solanum tuberosum* L.). *Ecología aplicada* 9(1):31-39.
38. Carrera KME (2016) Caracterización de *Moniliophthora roreri* Evans *et al.* y evaluación de alternativas de control biológico en cacao, para la Amazonía ecuatoriana. Tesis presentada en opción al grado científico de Doctor en Ciencias agrícolas. Universidad Central de Las Villas, Santa Clara, Cuba, 99pp.
39. Chaisit P, Michael JS, Prathuangwong S (2010) Lipopeptide surfactin produced by *Bacillus amyloliquefaciens* KPS46 is required for biocontrol efficacy against *Xanthomonas axonopodis* pv. *glycines*. *Agriculture and Natural Resources* 44 (1):84–99.
40. Chen CY, Wang YH, Huang CJ (2004) Enhancement of the antifungal activity of *Bacillus subtilis* F29-3 by the chitinase encoded by *Bacillus circulans* chiA gene. *Canadian Journal of microbiology* 50(6):451-454.
41. Chen XH, Koumoutsi A, Scholz R, Borris R (2009) More than anticipated production of antibiotics and other secondary metabolites by *Bacillus amyloliquefaciens* FZB42. *Microbial Physiology* 16(1-2):14–24.
42. Chernin L, Chet I (2002) Microbial enzymes in biocontrol of plant pathogens and pests. En: Burns RG y Dick RP (Eds.), Enzymes in the Environment: Activity, Ecology and Applications. Marcel Dekker, New York, pp.171–225.
43. Ciba- Geigy (1981) Manual para ensayos de campo en protección vegetal. 2da Edición. Suiza. p.11-20.
44. Ciferri R, Parodi E (1933) Descrizione del fungo che causa la Moniliasis del cacao. *Phytopathologische Zeitschrift* 6: 539–542.

45. Clarridge JE (2004) Impact of 16S rRNA Gene Sequence Analysis for Identification of Bacteria on Clinical Microbiology and Infectious Diseases. *Clinical microbiology reviews* 17(4):840–862.
46. Cobos F, Montero P, Gómez J, Pérez I. (2024). Eficiencia de agentes antagónicos para el control de *Moniliophthora roreri* en el cultivo de cacao. Magazine de las Ciencias: *Revista de Investigación e Innovación* 9(2): 16–29.
47. Compant S, Duffy B, Nowak J, Clément C, EA BI (2005) Use of plant growth-promoting bacteria for biocontrol of plant diseases: principles, mechanisms of action, and future prospects. *Applied and environmental microbiology* 71(9):4951–4959.
48. Cook OF (1916) Branching and flowering habits of cacao and patashte. Contributions from the United States National Herbarium 17:609-625.
49. Coronel N (2018) Análisis de los patrones de producción de lipopéptidos antifúngicos de Bacillus subtilis Ctpx S2-1 durante diferentes etapas de crecimiento. UDLA. Disponible en: http://dspace.udla.edu.ec/bitstream/33000/9235/1/UDLA-EC-TIB-2018-17.pdf. Consultado 21 de Agosto de 2023.
50. Crowder DW, Harwood JD (2014) Promoting biological control in a rapidly changing world. *Biological control* 75:1–7.
51. Crozier J, Arroyo C, Morales H, Melnick RL, Strem M, Vinyard BT, Collins R, Holmes KA, Bailey BA (2015) The influence of formulation on *Trichoderma* biological activity and frosty pod rot management in *Theobroma cacao*. *Plant Pathology* 64(6):1385-1395.
52. Cubillos G, Aranzazu F (1979) Comparación de tres frecuencias de remoción de frutos enfermos en el control de *Monilia roreri* Cif. & Par. *Cacaotero Colombiano* 8:27–34.
53. Daymond A, Giraldo D, Hadley P, Bastide P (eds) (2022) A global guide to cocoa farming systems. Reading: University of Reading, 35.
54. de Almeida KB, Carpentieri V, Fira D, Balatti PA, Yanil SM, Oro TH, Stefani E, Degrassi G (2018) Screening of bacterial endophytes as potential biocontrol agents against soybean diseases. *Journal of Applied Microbiology* 125(5):1466-1481.
55. de la Cruz MT, García CO, Ortiz DT, Aguilera AM, Díaz CN (2011) Temporal progress and integrated management of frosty pod rot (*Moniliophthora roreri*) of cocoa in Tabasco, México. *Journal of Plant Pathology* 93:31-36.
56. de la Cruz NL (2014) Volátiles de bacterias endófitas de cacao y su efecto sobre *Moniliophthora roreri*. Tesis para optar por el grado de Maestría en Ciencias en Recursos Naturales y Desarrollo Rural, El Colegio de la Frontera Sur, Chiapas, México, 57 pp.

57. de la Cruz NL, Cruz L, Holguín F, Guillén GK, Huerta G (2022) Volatile organic compounds produced by cacao endophytic bacteria and their inhibitory activity on *Moniliophthora roreri*. *Current Microbiology* 79(2):35.
58. Desrosiers R, Suárez C (1974) Monilia pod rot of cacao. En: P. H. Gregory (Ed.), *Phytophthora* disease of cocoa. London: Longman, pp. 273–277.
59. Donald PF (2004) Biodiversity impacts of some agricultural commodity production systems. *Conservation biology* 18(1):17-37.
60. End MJ, Daymond AJ, Hadley P (Eds.) (2014) Technical guidelines for the safe movement of cacao germplasm. Revised from the FAO/IPGRI Technical Guidelines No. 20 (Second Update, August 2014). Global Cacao Genetic Resources Network (CacaoNet), Bioversity International, Montpellier.
61. Enríquez G (2004) Cacao orgánico. Guía para productores ecuatorianos. Botánica del cacao. Grupos genéticos. Instituto Nacional de Investigaciones Agropecuarias INIAP. Manual Nº 54. Quito - Ecuador. p. 51-54.
62. Enríquez G (2010) Cacao orgánico. Guía para productores ecuatorianos. Quito, Ecuador. 360 p.
63. Espinosa J, Moreno J, Bernal G (2022) Suelos del Ecuador: Clasificación, uso y manejo. Instituto Geográfico Militar (IGM). Quito, Ecuador (capitulo 2), p. 45-103.
64. Estrella EE, Cedeño JG (2012) Medidas de control de bajo impacto ambiental para mitigar la monilasis (*Moniliophthora roreri* Cif y Par. Evans *et al.*) en cacao Hibrido Nacional x Trinitario en Santo Domingo de los Tsáchilas. Trabajo de titulación de Ingeniero Agropecuario, Escuela Politécnica del Ejército, Santo Domingo, Ecuador, 139pp.
65. Evans HC (1981) Pod rot of cacao caused by *Moniliophthora* (Monilia) *roreri*. *Phytopathological papers* 24:44.
66. Evans HC (1986) A re-assessment of *Moniliophthora* (*Monilia*) pod rot of cocoa. *Cocoa Growers' Bulletin* 37:34–43.
67. Evans HC (1998) Disease and sustainability in the cocoa agroecosystem. First international workshop on sustainable cocoa growing. Smithsonian Tropical Research Institute, April 1998. Smithsonian Migratory Bird Center: Panama City, Panama.
68. Evans HC (2002) Invasive neotropical pathogens of tree crops. En: Tropical Mycology, Micromycetes 2 (Watling, R., Frankland, J.C., Ainsworth, A.M., Isaac, S. and Robinson, C.H. eds), pp. 83–112. Wallingford: CABI Publishing.

69. Evans HC (2007) Cacao diseases: The trilogy revisited. *Phytopathology* 97(12): 1640-1643.
70. Evans HC (2016) Frosty pod rot (*Moniliophthora roreri*) Part II, Chapter 3, En: B. A. Bailey.; L.W. Meinhardt (eds.). Cacao Diseases: A History of Old Enemies and New Encounters. Springer International Publishing Switzerland, p. 63-96.
71. Evans HC, Bezerra JL, Barreto RW (2013) Of mushrooms and chocolate trees: aetiology and phylogeny of witches' broom and frosty pod diseases of cacao. *Plant Pathology* 62(4):728–740.
72. Evans HC, Holmes KA, Thomas SE (2003) Endophytes and mycoparasites associated with an indigenous forest tree, *Theobroma gileri*, in Ecuador and a preliminary assessment of their potential as biocontrol agents of cocoa diseases. *Mycological Progress* 2(2):149–160.
73. Evans HC, Stalpers J, Samson A, Benny G (1978) On the taxonomy of *Monilla roreri*, an important pathogen of *Theobroma cacao* in South America. *Canadian Journal of Botany* 56(20):2528- 2532.
74. Ezra D, Castillo UF, Strobel GA, Hess WM, Porter H, Jensen JB, Condron MAM, Teplow DB, Sears J, Maranta M, Hunter M, Weber B, Yaver D (2004) Coronamycins, peptide antibiotics produced by a verticillate *Streptomyces* sp. (MSU-2110) endophytic on *Monstera* sp. *Microbiology* 150(4):785–793.
75. Falardeau J, Wise C, Novitsky L, Avis TJ (2013) Ecological and mechanistic insights into the direct and indirect antimicrobial properties of *Bacillus subtilis* lipopeptides on plant pathogens. *Journal of chemical ecology*. 39:869-878.
76. FAOSTAT. Data: cocoa beans, world; 2021 (online). Food and Agriculture Organization of the United Nations. 2023. Disponible en: https://www.fao.org/faostat/en/#data/QCL. Consultado: 1 de Julio de 2023
77. FAOSTAT. Data: cocoa beans, world; 2023 (online). Food and Agriculture Organization of the United Nations. 2024. https://www.fao.org/faostat/ en/#data/QCL. Consultado 16 Enero 2025
78. Faria D, Laps RR, Baumgarten J, Cetra M (2006) Bat and bird assemblages from forests and shade cacao plantations in two contrasting landscapes in the Atlantic Forest of southern Bahia, Brazil. *Biodiversity & Conservation* 15:587–612.
79. Fishal EM, Meon S, Yun WM (2010) Induction of tolerance to *Fusarium* wilt and defense-related mechanisms in the plantlets of susceptible Berangan Banana

preinoculem with *Pseudomonas* sp. (UPMP3) and *Burkholderia* sp. (UPMB3). *Agricultural Sciences in China* 9(8):1140-1149.

80. Földes T, Bánhegyi I, Herpai Z, Varga L, Szigeti J (2000) Isolation of *Bacillus* strains from the rhizosphere of cereals and *in vitro* screening for antagonism against phytopathogenic, food-borne pathogenic and spoilage microorganisms. *Journal of applied microbiology* 89(5): 840-846.
81. Fountain AC (2022) Cocoa Barometer Living Income Compendium. The Cocoa Barometer Consortium. Available online at: https://voicenetwork.cc/wp-content/uploads/2022/09/220920-Cocoa-Barometer-Living-Income-Compendium.pdf
82. Forbes B, Sahm D, Weissfeld A (2007) Bailey & Scott's Diagnostic Microbiology. 12th Edition. Ed. Elsevier, 1056pp.
83. Frankowski J, Lorito M, Scala F, Schmid R, Berg G, Bahl H (2001) Purification and properties of two chitinolytic enzymes of *Serratia plymuthica* HRO-C48. *Archives of microbiology* 176:421–426.
84. Frey-Klett P, Burlinson P, Deveau A, Barret M, Tarkka M, Sarniguet A (2011) Bacterial-fungal interactions: hyphens between agricultural, clinical, environmental, and food microbiologists. *Microbiology and molecular biology reviews* 75(4):583–609.
85. Fulton RH (1989) The cacao disease trilogy: black pod, *Monilia* pod rot and witches' broom. *Plant disease* 73:601–603.
86. Gao P, Qin J, Li D, Zhou S (2018) Inhibitory effect and possible mechanism of a *Pseudomonas* strain QBA5 against gray mold on tomato leaves and fruits caused by *Botrytis cinerea*. PLoS one 13(1):e0190932.
87. Glazunova OO, Raoult D, Roux V (2009) Partial sequence comparison of the *rpoB, sodA, groEL* and *gyrB* genes within the genus *Streptococcus*. *International journal of systematic and evolutionary microbiology* 59(9):2317-2322.
88. Gómez-de la Cruz I, Chávez-Ramírez B, Avendaño-Arrazate CH, Morales-García, YE, Muñoz-Rojas J, Estrada-de los Santos P (2023) Optimization of *Paenibacillus* sp. NMA1017 application as a biocontrol agent for *Phytophthora tropicalis* and *Moniliophthora roreri* in cacao-growing fields in Chiapas, Mexico. *Plants* 12, 2336. https://doi.org/10.3390/ plants12122336.
89. González A, Roble D (2014) Aislamiento y caracterización del hongo *Moniliophthora roreri* (*Monilia*) en frutos de *Theobroma cacao* L. (cacao) del cultivar San José del Real de la Carrera, Usulutan. Tesis de Licenciado en Química y Farmacia. Universidad de El Salvador. San Salvador, El Salvador. 193 pp.

90. Goswami D, Thakker JN, Dhandhukia PC, Tejada Moral M (2016) Portraying mechanics of plant growth promoting rhizobacteria (PGPR): a review. *Cogent Food & Agriculture* 2(1):1127500.
91. Greathouse DC, Laetsch WM (1969) Structure and development of the dimorphic branch system of *Theobroma cacao. American Journal of Botany* 56(10):1143-1151.
92. Greathouse DC, Laetsch WM, Phinney BO (1971) The shoot-growth rhythm of a tropical tree, *Theobroma cacao. American Journal of Botany* 58(4):281-286.
93. Guo RF, Yuan GF, Wang QM (2013) Effect of NaCl treatments on glucosinolate metabolism in broccoli sprouts. *Journal of Zhejiang University Science B.* 14 (2):124-131.
94. Hallmann J (2001) Plant interactions with endophytic bacteria. En: Jeger MJ y Spence NJ (Eds). Biotic interaction in plant–pathogen associations. CABI Publishing, Wallingford, UK, p-87-119.
95. Hardoim PR, van Overbeek LS, Berg G, Pirttilä AM, Compant S, Campisano A, Döring M, Sessitsche A (2015) The hidden world within plants: ecological and evolutionary considerations for defining functioning of microbial endophytes. *Microbiology and molecular biology reviews* 79/3):293–320.
96. Harvey RA, Champe PC, Fisher BD (2008) Microbiología. 2da Edición. Editorial Lippincott Williams & Wilkins. ISBN 10: 8496921158
97. Harwood CR, Mouillon JM, Pohl S, Arnau J (2018) Secondary metabolite production and the safety of industrially important members of the *Bacillus subtilis* group. *FEMS Microbiology Reviews* 42(6):721-738.
98. Hassan MN, Osborn M, Hafeez F (2010) Molecular and biochemical characterization of surfactin producing *Bacillus* species antagonistic to *Colletotrichum falcatum* Went causing sugarcane red rot. *African Journal of Microbiology Research* 4(20):2137–2142.
99. Hernández A, Ruiz Y, Acebo Y, Miguélez Y, Heidrych M (2014) Antagonistas microbianos para el manejo de la pudrición negra del fruto de *Theobroma cacao* L. Estado actual y perspectivas de uso en Cuba. *Revista de Protección Vegetal* 29(1):11-19.
100. Hidalgo E, Bateman R, Krauss U, ten Hoopen GM, Martínez A (2003) A field investigation into delivery systems for agents to control *Moniliophthora roreri. European Journal of Plant Pathology 109*:953–961.

101. Hoben H.J, Somasegaran P. (1982). Comparison of the pour, spread, and drop plate methods for enumeration of Rhizobium spp. In inoculants made from presterilized peatt. *Applied and Environmental Microbiology* 44(5): 1246-1247.

102. Hogg JC, Lehane MJ (1999) Identification of bacterial species associated with the sheep scab mite (*Psoroptes ovis*) by using amplified genes coding for 16S rRNA. *Applied and Environmental Microbiology* 65(9):4227–4229.

103. Holmes KA, Krauss U, Samuels G, Bateman RP, Thomas SE, Crozier J, *et al.* (2006). *Trichoderma ovalisporum*: A potential biocontrol agent of frosty pod rot (*Moniliophthora roreri*) 2: 1001–1006. En: Proceedings of 15th International Cacao Research Conference, San José, Costa Rica.

104. Hong CE, Park JM (2016) Endophytic bacteria as biocontrol agents against plant pathogens: current state-of-the-art. *Plant Biotechnology Report* 10: 353-357.

105. Huang CJ, Wang TK, Chung SC, Chen CY (2005) Identification of an Antifungal Chitinase from a Potential Biocontrol Agent, *Bacillus cereus* 28-9. *Journal of Biochemistry and Molecular Biology* 38(1):82-88.

106. Hussey M, Zayaitz A (2007) Endospore stain protocol. Disponible en: http://www.asmscience.org/content/education/protocol/protocol.3112.pdf Consultado: 17 de junio 2019.

107. Hütz-Adams F, Campos P, Fountain AC (2022) Latin America Baseline Cocoa Barometer, 2022. The Cocoa Barometer Consortium, 37. Available online at: https://voicenetwork.cc/wp-content/

108. International Cocoa Organization (ICCO) (2022) Boletín trimestral de estadística statistics, Vol. XLIV, No. 2, Cocoa year 2020/21 Published: 31-05-2022.

109. International Cocoa Organization. ICCO Quarterly Bulletin of Cocoa Statistics 2022. (2023) En: https://www.icco.org/wp-content/uploads/Production_ QBCS-XLIX-No.-2.pdf Consultado 18 Junio 2023

110. IIPC (2016) Detection of frosty pod rot in Jamaica. IPPC Official pest report JAM-09/02, Rome, Italy.

111. Jaimes A, Coronado R, Jaimes Y (2008) Evaluación *in vitro* e *in vivo* de cinco cepas de *Bacillus* sp. como agentes de biocontrol de *Moniliophthora roreri*. pp. 26-27. En: Memorias Seminario Internacional de Cacao: Avances de Investigación. Ministerio de Agricultura y Desarrollo Rural. Instituto Colombiano Agropecuario. Federación Nacional de Cacaoteros. Bucaramanga, Colombia.

112. Jaimes-Suárez YY, Carvajal-Rivera AS, Galvis-Neira DA, Carvalho FEL, Rojas-Molina J (2022) Cacao agroforestry systems beyond the stigmas: Biotic and abiotic stress incidence impact. *Frontiers Plant Science* 13. http://doi.org/10.3389/fpls.2022.921469.

113. Jha P, Panwar J, Nath P (2018) Mechanistic insights on plant root colonization by bacterial endophytes: a symbiotic relationship for sustainable agriculture. *Environmental Sustainability* 1:25–38.

114. Jourdan E, Henry G, Duby F, Dommes J, Barthélemy P, Thonart P, Ongena M (2009) Insights into the defense-related events occurring in plant cells following perception of surfactin-type lipopeptide from *Bacillus subtilis*. *Molecular Plant–Microbe Interactions* 22(4):456–468.

115. Karthik M, Pushpakanth P, Krishnamoorthy R, Senthilkumar M (2017) Endophytic bacteria associated with banana cultivars and their inoculation effect on plant growth. *The Journal of Horticultural Science and Biotechnology* 92(6):568–576.

116. Katoh K, Misawa K, Kuma KI, Miyata T (2002). MAFFT: A novel method for rapid multiple sequence alignment based on fast Fourier transform. *Nucleic acids research* 30(14):3059–3066.

117. Khan SS, Verma V, Rasool S (2020) Diversity and the role of endophytic bacteria: a review. *Botanica Serbica* 44(2):103-120.

118. Kim YS, Kim Lim HS, SD (1991) *Pseudomonas stutzeri* YPL-1 genetic transformation and antifungal mechanism against *Fusarium solani*, an agent of plant root rot. *Applied and Environmental Microbiology* 57(2):510–516.

119. Kishore GK, Pande S, Podile AR (2005) Biological control of late leaf spot of peanut (*Arachis hypogaea*) with chitinolytic bacteria. *Phytopathology* 95(10):1157-1165.

120. Kloepper JW, Mcinroy JA, Liu K, Hu CH (2013) Symptoms of fern distortion syndrome resulting from inoculation with opportunistic endophytic fluorescent *Pseudomonas* spp. *PLoS one* 8(3):1-16.

121. Kokalis-Burelles N, Backman PA, Rodríguez-Kábana R, Ploper LD (1992) Potential for biological control of early leaf spot of peanut using *Bacillus cereus* and chitin as foliar amendments. *Biological control* 2(4):321-328.

122. Kongor JE, Rahadian Aji MD (2023) Processing of cocoa and development of choco- late beverages. In: Mérillon JM, Riviere C, Lefèvre G, editors. Natural products in beverages: Reference series in phytochemistry. Cham: Springer; p. 1–37.

123. Krauss U, Hidalgo E, Bateman R, Adonijah V, Arroyo C, García J, Crozier J, Brown NA, Martijn G, Holmes KA (2010) Improving the formulation and timing of application of chemical and endophytic biocontrol agents against frosty pod rot (*Moniliophthora roreri*) in cacao (*Theobroma cacao*). *Biological control* 54(3):230–240.

124. Krauss U, Soberanis W (2002) Effect of fertilization and biocontrol application frequency on cacao pod diseases. *Biological control* 24(1):82–89.

125. Krauss U, Ten Hoopen GM, Hidalgo E, Martínez A, Stirrup T, Arroyo C, García J, Palacios M (2006) The effect of cane molasses amendment on biocontrol of frosty pod rot (*Moniliophthora roreri*) and black pod (*Phytophthora* spp.) of cacao (*Theobroma cacao*) in Panama. *Biological control* 39(2):232–239.

126. Kumar S, Stecher G, Tamura K (2016) MEGA 7: Molecular Evolutionary Genetics Analysis version 7.0 for bigger datasets. *Molecular biology and evolution* 33(7):1870–1874.

127. Kushwaha P, Kashyap PL, Srivastava AK, Tiwari RK (2020) Plant growth promoting and antifungal activity in endophytic *Bacillus* strains from pearl millet (*Pennisetum glaucum*). *Brazilian Journal of Microbiology* 51:229–241.

128. Larbi-Koranteng S, Tuyee R, Kankam F (2020) Biological control of black pod disease of cocoa (*Theobroma cacao* L.) with *Bacillus amyloliquefaciens*, *Aspergillus* sp. and *Penicillium* sp. *in vitro* and in the field. *Journal of Microbiology and Antimicrobials* 12(2):52-63.

129. Latgé JP (2007) The cell wall: a carbohydrate armour for the fungal cell. *Molecular microbiology* 66(2):279-290.

130. Layton C, Maldonado E, Monroy L, Corrales LC, Sánchez LC (2011) *Bacillus* spp.; perspectiva de su efecto biocontrolador mediante antibiosis en cultivos afectados por fitopatógenos. *Nova* 9(16):177-187.

131. Leach AW, Mumford JD, Krauss U (2002) Modeling *Moniliophthora roreri* in Costa Rica. *Crop Protection* 21(4):317–326.

132. Liu D, Cai J, Xie C, Liu C, Chen Y (2010) Purification and partial characterization of a 36-kDa chitinase from *Bacillus thuringiensis* subsp. *colmeri*, and its biocontrol potential. *Enzyme and Microbial Technology* 46(3-4):252-256.

133. LPSN, List of Prokaryotic names with Standing in Nomenclature (2016) Genus *Bacillus*. Microbiology Society. Charles Darwin House, 12 Roger St, London WC1N 2JU, United Kingdom. Disponible en: http://www.bacterio.net/bacillus.html. Consultado mayo de 2017).

134. Macagnan D, Romeiro RS, de Souza JT, Pomella AWV (2006) Isolation of actinomycetes and endospore-forming bacteria from the cacao pod surface and their antagonistic activity against the witches' broom and black pod pathogens. *Phytoparasitica* 34:122–132.

135. MAGAP (2024) Ministerio de Agricultura, Ganadería, Acuacultura y Pesca. Disponible en: http://www.agricultura.gob.ec/cafe-cacao. Consultado junio de 2024.

136. Maksimov IV, Abizgildina RR, Pusenkova LI (2011) Plant growth promoting rhizobacteria as alternative to chemical crop protectors from pathogens (review). *Applied Biochemistry and Microbiology* 47(4):333–345.

137. Maldonado C (2015) Efecto del manejo en la reducción de incidencia de enfermedades (Moniliasis, escoba de bruja y mazorca negra) en el cultivo de cacao (*Theobroma cacao* L.) en la estación experimental de Sapecho. *APTHAPI* 1(1):38-51.

138. Marconi L, Armengot L (2020) Complex agroforestry systems against biotic homogenization: The case of plants in the herbaceous stratum of cocoa production systems. *Agriculture Ecosystems Enviroment* 287,1.http://doi.org/10.1016/j.agee.2019.106664.

139. Martínez-Absalón S, Rojas-Solís D, Hernández-León R, Prieto-Barajas C, Orozco-Mosqueda MC, Peña-Cabriales JJ, Sakuda S, Valencia-Cantero E, Santoyo G (2014) Potential use and mode of action of the new strain *Bacillus thuringiensis* UM96 for the biological control of the gray mold phytopathogen *Botrytis cinerea*. *Biocontrol Science and Technology* 24(12):1349-1362.

140. Massawe VC, Hanif A, Farzand A, Kibe D, Ochieng S, Wu L, Samad HA, Gu Q, Wu H, Gao X (2018) Volatile compounds of endophytic *Bacillus* spp. have biocontrol activity against *Sclerotinia sclerotiorum*. *Phytopathology* 108:1373-1385.

141. Maughan H, van der Auwera G (2011) *Bacillus* taxonomy in the genomic era finds phenotypes to be essential though often misleading. *Infection, Genetics and Evolution* 11(5):789-797.

142. Muñoz J (2019) Control de *Phytophthora palmivora* en *Theobroma cacao* clon CCN-51 con fosetil aluminio, hidróxido de cobre y propineb en Satipo. Peru: UNCP.

Disponible en: http://181.65.200.104/bitstream/handle/UNCP/5379/T010_46167706_T.pdf. Consultado Agosto de 2023.

143. Meena KR, Kanwar SS (2015) Lipopeptides as the antifungal and antibacterial agents: Applications in Foof safety and therapeutics. *BioMed Research International*. 2015:19. http://dx.doi.org/10.1155/2015/473050.

144. Mejía LC, Rojas EI, Maynard Z, Van Bael S, Arnold AE, Hebbar P, Samuels GJ, Robbins N, Allen E (2008) Endophytic fungi as biocontrol agents of *Theobroma cacao* pathogens. *Biological control* 46(1):4–14.

145. Melnick RL (2010) Endophytic *Bacillus* spp. of *Theobroma cacao*: ecology and potential for biological control of cacao diseases. *A Dissertation in Plant Pathology. Submitted in Partial Fulfillment of the Requirements for the Degree of Doctor of Philosophy. The Pennsylvania State University,* EEUU, 152p.

146. Melnick RL, Suarez C, Bailey BA, Backman PA (2011) Isolation of endophytic endospore-forming bacteria from *Theobroma cacao* as potential biological control agents of cacao diseases. *Biological control* 57(3):236-245.

147. Melnick RL, Zidack NK, Bailey BA, Maximova SN, Guiltinan M, Backman PA (2008) Bacterial endophytes: *Bacillus* spp. from annual crops as potential biological control agents of black pod rot of cacao. *Biological control* 46(1):46-56.

148. Melo FMPD, Fiore MF, Moraes LABD, Silva-Stenico ME, Scramin S, Teixeira MDA, Melo ISD (2009) Antifungal compound produced by the cassava endophyte *Bacillus pumilus* MAIIIM4A. *Scientia Agricola 66*(5):583-592.

149. Motamayor JC, Lachenaud P, da Silva e Mota JW, Loor R, Kuhn DN, Brown JS, Schnell RJ (2008) Geographic and genetic population differentiation of the Amazonian chocolate tree (*Theobroma cacao* L). *PLoS one* 3(10):e3311.

150. Nawaz HH, Rajaofera MJN, He Q, Anam U, Lin C, Miao W (2018) Evaluation of antifungal metabolites activity from *Bacillus licheniformis* OE-04 against *Colletotrichum gossypii*. Pesticide Biochemistry and Physiology 146: 33-42.

151. Neves D, Schwab S, Ivo J, Morais PV (2017) Diversity and function of endophytic microbial community of plants with economical potential. En: João Lucio de Azevedo.; Maria Carolina Quecine (eds.). Diversity and benefits of microorganism from the tropics. Springer International Publishing, p. 209-243.

152. Observatory of Economic Complexity (OEC). Cocoa beans. 2024. En: https://oec. world/en/profle/hs/cocoa-beans Consultado 15 Agosto 2024.

153. Okumoto S, Bustamante E, Gamboa A (2001) Actividad de cepas de bacterias quitinolíticas antagonistas a *Alternaria solani in vitro. Manejo Integrado de Plagas* 59:58-62.

154. Olanrewaju OS, Glic BR, Babalola OO (2017) Mechanisms of action of plant growth promoting bacteria. *World Journal of Microbiology and Biotechnology* 33(11):1-16.

155. Ongena M, Jacques P (2008) *Bacillus* lipopeptides: Versatile Weapons for Plant Disease Biocontrol. *Trends in microbiology* 16(3):115-125.

156. Ongena M, Jourdan E, Adam A, Paquot M, Brans A, Joris B, Arpigny JL, Thonart P (2007) Surfactin and fengycin lipopeptides of *Bacillus subtilis* as elicitors of induced systemic resistance in plants. *Environmental microbiology* 9(4):1084-1090.

157. Orberá TM, Serrat MJ, González Z (2009) Potencialidades de bacterias aerobias formadoras de endosporas para el biocontrol en plantas ornamentales. *Fitosanidad* 13(2):95-100.

158. Ortiz-García CF, Torres de la Cruz M, Hernández-Mateo SC (2015) Comparación de dos sistemas de manejo del cultivo del cacao, en presencia de *Moniliophthora roreri* en México. *Revista Fitotecnia Mexicana* 38(2):191-196.

159. Ouattara A, Coulibaly K, Konate I, Kebe BI, Beugre GAM, Tidou AS, Filali-Maltouf A (2020) Screening and selection *in vitro* and *in vivo* of cocoa tree (*Theobroma cacao* Linn.) endophytic bacteria having antagonistic effects against *Phytophthora* spp. fungal agents responsible of black pod disease in Côte d'Ivoire. *Journal of Applied & Environmental Microbiology* 8(1):25-31.

160. Páez, PP, Bernal A, Castro HA, Castro RP, Vera MA (2024) *Bacillus* endófitos como agentes de control biológico de *Moniliophthora roreri* en cacao bajo condiciones de campo. Bioagro 36(2): 325-334.

161. Pandey C, Dheeman S, Negi YK, Maheshwari DK (2018) Differential response of native *Bacillus* spp. isolates from agricultural and forest soils in growth promotion of *Amaranthus hypochondriacus*. *Biotechnological Research* 4(1):54-61.

162. Pang JTY (2006) Yield efficiency in progeny trials with cocoa. *Experimental Agriculture* 42(3):289–299.

163. Pavithra G, Bindal S, Rana M, Srivastava S (2020) Role of endophytic microbes against plant pathogens: A review. *Asian Journal of Plant Science* 19(1):54-62.

164. Peñaherrera SL (2013) Combinación de agentes biológicos para el control de enfermedades del fruto de cacao (*Theobroma cacao* L.). Tesis de grado presentada al Comité Técnico Académico como requisito previo a la obtención del título de Ingeniero agropecuario. Universidad Técnica Estatal de Quevedo, Quevedo, Ecuador, 52 pp.

165. Pérez-García A, Romero D, de Vicente A (2011) Plant protection and growth stimulation by microorganisms: biotechnological applications of Bacilli in agriculture. *Current opinion in biotechnology* 22(2):187–193.

166. Phillips-Mora W (2003) Origin, biogeography, genetic diversity and taxonomic affinities of the cacao (*Theobroma cacao* L.) fungus *Moniliophthora roreri* (Cif.) Evans *et al.* as determined using molecular, phytopathological and morpho-physiological evidence. En: Department of Agricultural Botany, School of Plant Sciences, Vol. Doctor of Philosophy, 349. Reading: University of Reading.

167. Phillips-Mora W, Aime M, Wilkinson MJ (2007a) Biodiversity and biogeography of the cacao (*Theobroma cacao*) pathogen *Moniliophthora roreri* in tropical America. *Plant pathology* 56(6):911-922.

168. Phillips-Mora W, Arciniegas-Leal A, Mata-Quieros A, Motomayor-Arias JC (2013) Catalogue of the cacao clones selected by CATIE for commercial plantings. CATIE Technical Series, Technical manual 105, 68 pp.

169. Phillips-Mora W, Baqueros F, Melnick RL, Bailey BA (2015) First report of frosty pod rot caused by *Moniliophthora roreri* on cacao in Bolivia. *New Disease Reports* 31:29.

170. Phillips-Mora W, Castillo J, Krauss U, Rodríguez E, Wilkinson MJ (2005) Evaluation of cacao (*Theobroma cacao*) clones against seven Colombian isolates of *Moniliophthora roreri* from four pathogen genetic groups. *Plant pathology* 54(4):483–490.

171. Phillips-Mora W, Ortiz CF, Aime MC (2007b) Fifty years of frosty pod rot in Central America: Chronology of its spread and impact from Panama to Mexico. En: Proceedings of the 15th International Cocoa Research Conference, San José, Costa Rica 1:1039–1047.

172. Phillips-Mora W, ten Hoopen M (2017) Frosty pod rot in Jamaica. En: http://incocoa.org/data/INCOPED_FPR_Jamaica.pdf. Consultado abril de 2020.

173. Phillips-Mora W, Wilkinson MJ (2007) Frosty pod, a disease of limited geographic distribution but unlimited potential for damage. *Phytopathology* 97(12):1644–1647.

174. Pila FES (2016) Importancia de los lipopéptidos de *Bacillus subtilis* en el control biológico de enfermedades en cultivos de gran valor económico. *Bionatura* 1(3):135-138.

175. Pilaloa W, Alvarado A, Pérez D, Torres S (2021) Manejo agroecológico de la moniliasis en el cultivo de cacao (*Theobroma cacao*) mediante la utilización de biofungicidas y podas fitosanitarias en el cantón La Trocal. *Revista de Investigación en Ciencias Agronómicas y Veterinarias* 5(15):453-468.

176. Ploetz RC (2016) The Impact of diseases on cacao production: A global overview. Part I, Chapter 2, En: B. A. Bailey.; L.W. Meinhardt (eds.). Cacao Diseases: A History of Old Enemies and New Encounters. Springer International Publishing Switzerland, p. 33-59.

177. Porras H, Enriquez G (1998) Spread of *Monilia* pod rot of cocoa through Central America. IICA, San José, Costa Rica, 20p.

178. Porras VH, Cruz CA, Galindo JJ (1990) Manejo integrado de la mazorca negra y moniliasis del cacao en el trópico húmedo bajo de Costa Rica. *Turrialba* 40(2):238–245.

179. Proecuador. Instituto de Promoción de exportaciones e inversiones (2021) Boletín mensual de Comercio exterior (septiembre-octubre 2021). Ministerio de Comercio exterior. Guayaquil, Ecuador, 20 pp.

180. Raina V, Nayak T, Ray L, Kumari K, Suar M (2019) A polyphasic taxonomic approach for designation and description of novel microbial species. En: *Microbial Diversity in the Genomic Era*. Academic Press, pp. 137-152.

181. Rana N, Rathore A, Ghabru A, Chauhan S (2023) Endophytes: Role and applications in sustainable agriculture. *The Pharma Innovation Journal* 12(3): 139-151.

182. Realpe ME, Hernández CA, Agudelo CI (2002) Especies del género *Bacillus*: morfología macroscópica y microscópica. *Biomédica* 22(2):106-109.

183. Reiner K (2010) Catalase test protocol. American Society For Microbiology, ASMMicrobeLibrary.

184. Reiss A, Jorgensen L (2017) Biological control of yellow rust of wheat (*Puccinia striiformis*) with Serenade ASO (*Bacillus subtilis* strain QST 713). *Crop protection* 93:1-8.

185. Ren JH, Li H, Wang YF, Ye JR, Yan AQ, Wu XQ (2013) Biocontrol potential of an endophytic *Bacillus pumilus* JK-SX001 against poplar canker. *Biological control 67*(3):421-430.

186. Reyes O, Ortiz CF, Torres M, Lagunes L, Valdovinos G (2016) Especies de *Trichoderma* del agroecosistema cacao con potencial de biocontrol sobre *Moniliophthora roreri. Revista Chapingo serie ciencias forestales y del ambiente* 22(2):149-163.

187. Rocha FYO, Oliveira CM, De da Silva PRA, Melo LHV, de Carmo MGF, Baldani JI (2017) Taxonomical and functional characterization of *Bacillus* strains isolated from tomato plants and their biocontrol activity against races 1, 2 and 3 of *Fusarium oxysporum* f. sp. *lycopersici. Applied soil eco*logy 120:8–19.

188. Rodicio M, Mendoza M (2004) Identificación bacteriana mediante secuenciación del ARNr 16S: fundamento, metodología y aplicaciones en microbiología clínica. *Revista Enfermedades infecciosas y microbiología clínica* (22)4:238-245.

189. Rong S, Xu H, Li L, Chen R, Gao X, Xu Z (2020) Antifungal activity of endophytic *Bacillus safensis* B21 and its potential application as a biopesticide to control rice blast. *Pesticide Biochemistry and Physiology* 162: 69-77.

190. Rorer JB (1918) Enfermedades y plagas del cacao en el Ecuador y métodos modernos apropiados al cultivo del cacao. Quayaquil, Ecuador. Asociación de Agricultores.

191. Rorer JB (1926) Ecuador cacao. *Tropical Agriculture* 3(46-47):68–69.

192. Saikkonen K, Wäli P, Helander M, Faeth SH (2004) Evolution of endophyte–plant symbioses. *Trends in plant science* 9(6):275–280.

193. Saitou N, Nei M (1987) The neighbor-joint method: A new method for reconstructing phylogenetic trees. *Molecular biology and evolution* 4(4):406-425.

194. Sánchez F, Garcés F (2012) *Moniliophthora roreri* (Cif y Par) Evans *et al.* en el cultivo de cacao. *Scientia Agropecuaria* 3:249-258.

195. Sánchez, J, Brenes, O, Phillips W, Enríquez, G (1987) Methodology for inoculating pods whit the fungus *Moniliophthora* (Monilla) *roreri.* Proceedings of the Tenth International Cocoa Research Conference. Santo Domingo, Dominican Republican: Cocoa Producers Alliance. pp. 467-471.

196. Sánchez L, Gamboa E, Rincón J (2003) Control químico y cultural de la moniliasis (*Moniliophthora roreri* Cif & Par) del cacao (*Theobroma cacao* L.) en el estado Barinas. México. *Revista de la Facultad de Agronomía* 20(2):188-194.

197. Sari E, Etebarian HR, Aminian H (2007) The effects of *Bacillus pumilus*, isolated from wheat rhizosphere, on resistance in wheat seedling roots against the take-all fungus, *Gaeumannomyces graminis* var. *tritici*. *Journal of phytopathology 155*(11-12):720-727.

198. Scharf DH, Heinekamp T, Brakjage AA (2014) Human and plant fungal pathogens: The role of secondary metabolites. *PLoS pathogens* 10(1): e1003859.

199. Schleifer KH (2009) Classification of Bacteria and Archaea: past, present and future. *Systematic and applied microbiology* 32(8):533-542.

200. Schroth G, Krauss U, Gasparotto L, Duarte Aguilar JA, Vohland K (2000) Pests and diseases in agroforestry systems of the humid tropics. *Agroforestry syst*ems 50:199–241.

201. Sethi SK, Mukherjee AK (2018) Screening of biocontrol potential of indigenous *Bacillus* spp. isolated from rice rhizosphere against *R. solani*, *S. oryzae*, *S. rolfsii* and response towards growth of rice. *Journal of Pure and Applied Microbiology* 12(1):41-53.

202. Shafi J, Tian H, Ji M (2017) *Bacillus* species as versatile weapons for plant pathogens: A review. *Biotechnology & Biotechnological Equipment* 31(3):446–459.

203. Sharma RR, Singh D, Singh R (2009) Biological control of postharvest diseases of fruits and vegetables by microbial antagonists: a review. *Biological control* 50(3):205–221.

204. Shoda M (2019) Biocontrol of plant diseases by *Bacillus subtilis*: Basic and practical applications. Boca Raton, Florida, 325p.

205. Singh PP, Shin YC, Park CS, Chung YR (1999) Biological control of *Fusarium* wilt of cucumber by chitinolytic bacteria. *Phytopathology* 89(1):92–99.

206. Singh VK, Singh AK, Kumar A (2017) Disease management of tomato through PGPB: current trends and future perspective. *Biotechnology* 7:255-264.

207. Soberanis W, Rios R, Arévalo E, Zuñiga L, Cabezas O, Krauss U (1999) Increased frequency of phytosanitary pod removal in cacao (*Theobroma cacao*) increases yield economically in eastern Peru. *Crop Protection* 18(10):677–685.

208. Solis K, Peñaherrera S, Vera D. (2021). Las enfermedades del cacao y las buenas prácticas agronómicas para su manejo. Guía No 178. Instituto Nacional de Investigaciones Agropecuarias, Estación Experimental Tropical Pichilingue. Mocache, provincia de Los Ríos. Ecuador. 20 p. Disponible en: https://repositorio.iniap.gob.ec/handle/41000/5747.

209. Somarriba E, López SA (2018) Coffee and Cocoa Agroforestry Systems: Pathways to Deforestation, Reforestation, and Tree Cover Change. Washington, DC: LEAVES-The World Bank.

210. Sosa A, Pazos V, Torres D, Casadesús L (2011) Identificación y caracterización de seis aislados pertenecientes al género *Bacillus* promisorios para el control de *Rhizoctonia solani* Künh y *Sclerotium rolfsii* Sacc. *Fitosanidad* 15(1):39-43.

211. Sotomayor F (1965) Estudios preliminares sobre la resistencia de algunos clones de cacao a la moniliasis provocada por la inoculación artificial. *Ing Agr Thesis, Universidad de Guayaquil, Ecuador.*

212. StatSoft, Inc. (2014). STATISTICA (data analysis software system), version 12. www.statsoft.com.

213. Stein T (2005) *Bacillus subtilis* antibiotics: structures, syntheses and specific functions. *Molecular microbiology* 56(4):845–857.

214. Suárez C, Delgado JC (1993) Moniliasis del cacao. Boletín técnico. Estación Experimental Pichilingue, Fundación para el Desarrollo Agropecuario, Instituto Nacional de Investigaciones Agropecuarias, Ecuador, 18p.

215. Suárez L, Alba R (2013) Aislamiento de microorganismos para el control biológico de *Moniliophthora roreri*. *Acta Agronómica* 62(4):370-378.

216. Surette MA, Sturz AV, Lada RR, Nowak J (2003) Bacterial endophytes in processing carrots (*Daucus carota* L. var. *sativus*): their localization, population density, biodiversity and their effects on plant growth. *Plant and soil* 253(2): 381-390.

217. Tahir HAS, Qin G, Wu H, Niu Y, Rong H, Gao X (2017) *Bacillus* volatiles adversely affect the physiology and ultrastructure of *Ralstonia solanacearum* and induce systemic resistance in tobacco against *Bacillus* wilt. *Scientific reports* 7(1):1-15.

218. Tejera-Hernández B, Rojas-Badía MM, Heydrich-Pérez M (2011) Potencialidades del género *Bacillus* en la promoción del crecimiento vegetal y el control de hongos fitopatógenos. *Revista CENIC Ciencias Biológicas* 42(3):131-138.

219. Ten Hoopen GM, Krauss U (2016) Biological control of cacao diseases. En: B. A. Bailey.; L.W. Meinhardt (eds.). Cacao Diseases: A History of Old Enemies and New Encounters. Springer International Publishing Switzerland, p. 511-566.

220. Thakur P, Singh I (2018) Biocontrol of soilborne root atphogens: An Overview. En: B. Giri *et al.* (eds.), Root Biology, Soil Biology 52, Springer International Publishing AG, part of Springer Nature, p. 184-185.

221. Tindall B, Rosselló-Móra R, Busse J, Ludwig W, Kämpfer P (2010) Notes on the characterization of prokaryote strains for taxonomic purposes. *International journal of systematic and evolutionary microbiology* 60(1):249-266.

222. Townsend, GR, Heuberger JW (1943) Methods for estimating losses caused by diseases in fungicide experiments. Plant Disease Report 27(17):340-343.

223. Turner S, Pryer KM, Miao VPW, Palmer JD (1999) Investigating deep phylogenetic relationships among cyanobacteria and plastids by small subunit rRNA sequence analysis. *Journal of Eukuryotic Microbiology* 46(4):327-338.

224. Van Aken B, Peres CM, Doty SL, Yoon JM, Schnoor JL (2004) *Methylobacterium populi* sp. nov., a novel aerobic, pink-pigmented, facultatively methylotrophic, methane-utilizing bacterium isolated from poplar trees (*Populus deltoids* x *nigra DN34*). *International journal of systematic and evolutionary microbiology 54*(4):1191-1196.

225. Vaddepalli P, Fulton L, Wieland J, Wassmer K, Schaeffer M, Ranf S, Schneitz K (2017) The cell wall-localized atypical β-1, 3 glucanase zerzaust controls tissue morphogenesis in *Arabidopsis thaliana. Developmen*t 144(12):2259-2269.

226. van Overbeek lS, van Doorn J, Wichers JH, van Amerongen A, van Roermund HJW, Willemsen PTJ (2014) The arable ecosystem as battle ground for emergence of new human pathogens. *Frontiers in Microbiology* 5:104.

227. Venkataramanamma K, Bhaskara BV, Sarada R, Jayalakshmi V, Rajendran L (2022) Isolation, *in vitro* evaluation of *Bacillus* spp. against *Fusarium oxysporum* f.sp. *ciceris* and their growth promotion activity. *Egyptian Journal of Biological Pest Control* 32:123.

228. Vera, MA (2023) *Bacillus* endófitos asociados a *Theobroma cacao* L., como agentes de biocontrol de *Moniliophthora roreri* H.C Evans *et al.* Tesis presentada en opción al grado científico de Doctor en Ciencias Agrícolas. Universidad Central "Marta Abreu" de Las Villas, Cuba, 90 pp.

229. Villamil J, Viteri S, Villegas W (2015). Aplicación de antagonistas para el control biológico de *Moniliophthora roreri* Cif & Par en *Theobroma cacao* L. bajo condiciones de campo. *Revista Facultad Nacional de Agronomía* 68(1): 7441-7450.

230. Villarreal-Delgado MF, Villa-Rodríguez ED, Cira-Chávez LA, Estrada-Alvarado MI, Parra-Cota FI, De los Santos-Villalobos S (2017) The genus *Bacillus* as a biological control agent and its implications in the agricultural biosecurity. *Revista mexicana de fitopatología* 36(1):95-130.

231. Willey JM (2008) Microbiología de Prescott, Harley y Klein. 7ma Edición. Editorial McGrawHill/Interamericana de España. 1124pp.

232. Wood GAR, Lass RA (1987) Cocoa. 4th ed. Longmans, London.

233. Wu Y, Yuan J, Raza W, Shen Q, Huang Q (2014) Biocontrol traits and antagonistic potential of *Bacillus amyloliquefaciens* strain NJZJSB3 against *Sclerotinia sclerotiorum*, a causal agent of canola stem rot. *Journal of Microbiology and Biotechnology* 24(10):1327-1336.

234. Yan L, Jing T, Yujun Y, Bin L, Hui L, Chun L (2011) Biocontrol efficiency of *Bacillus subtilis* SL-13 and characterization of an antifungal chitinase. *Chinese Journal Chemical Engineering* 19(1):128-134.

235. Yánez-Mendizábal V, Vinas I, Usall J, Torres R, Solsona C, Abadias M, Teixidó P (2012) Formulation development of the biocontrol agent *Bacillus subtilis* strain CPA-8 by spray drying. *Journal of applied microbiology* 112(5):954–965.

236. Zhang D, Motilal L (2016) Origin, dispersal, and current global distribution of cacao genetic diversity. Part I, Chapter 1, En: B. A. Bailey.; L.W. Meinhardt (eds.). Cacao Diseases: A History of Old Enemies and New Encounters. Springer International Publishing Switzerland, p. 3-31.

237. Zhang X, Huang Y, Harvey PR, Ren Y, Zhang G, Zhou H, Yang H (2012) Enhancing plant disease suppression by *Burkholderia vietnamiensis* through chromosomal integration of *Bacillus subtilis* chitinase gene chi113. *Biotechnology letters* 34:287-293.

8. ANEXOS

Anexo 1. Identificación de *Bacillus* endófitos obtenidos de mazorcas de *Theobroma cacao* L. colectadas en el Cantón Quinindé Provincia de Esmeraldas, Ecuador

Código de la cepa (#)	Fasta más cercana	No. Accesión	Homología % de identidad
1	*Bacillus* sp.	JF772472.1	99
2-1	*B. cereus*	MH569380.1	99
3-1	*B. cereus*	KM349186.1	99
3-2	*B. cereus*	KY847542.1	99
9-2	*B. subtilis*	KP165035.1	99
10-2	*Bacillus* sp.	KX553897.1	99
11-1	*Bacillus* sp.	KU291380.1	99
13	*Bacillus* sp.	KP992119.1	99
17-2	*B. subtilis*	KY820905.1	99
18-2	*Bacillus* sp.	JN411380.1	99
19-1	*Bacillus* sp.	MF000350.1	99
24	*B. amyloliquefaciens*	KY785373.1	99
26	*B. subtilis*	MH588288.1	99
27	*Bacillus* sp.	JX847615.1	99
28	*Bacillus* sp.	KF863832.1	99
29-2	*B. mycoides*	KY352815.1	99
30-1	*Bacillus* sp.	JQ764997.1	99

Código de la cepa (#)	Fasta más cercana	No. Accesión	Homología % de identidad
31-1	*Bacillus* sp.	EU571170.1	99
32-1	*Bacillus* sp.	LC055679.1	99
33	*Bacillus* sp.	KT583479.1	99
34-1	*B. cereus*	JX847612.1	99
34-2	*Bacillus* sp.	KY038329.1	99
35	*B. subtilis*	MH588205.1	99

Código de la cepa (#)	Fasta más cercana	No. Accesión	Homología % de identidad
36-1	*Bacillus* sp.	KY987151.1	99
37-1	*B. cereus*	KY867341.1	99
37-2	*B. subtilis*	EU847235.1	99
41	*Bacillus* sp.	KX257803.1	99
42-2	*B. mycoides*	KX268123.1	99
45-1	*B. cereus*	EU266622.1	99
46	*Bacillus* sp.	LC055678.1	99
47-2	*B. cereus*	JF895480.1	99
51-2	*B. cereus*	KX694390.1	99
52-2	*Bacillus* sp.	LC055681.1	99
53-2	*Bacillus* sp.	AM778700.1	99
53-4	*B. subtilis*	MH192379.1	99
54-3	*B. cereus*	KX783552.1	99
55	*B. cereus*	KX867794.1	99
62	*Bacillus* sp.	JN206613.1	99
64	*B. subtilis*	MH192381.1	99

Código de la cepa (#)	Fasta más cercana	No. Accesión	Homología % de identidad
65	*B. cereus*	MG009251.1	99
70	*Bacillus* sp.	LC055683.1	99
72	*Bacillus* sp.	KR528492.1	99
74	*B. cereus*	MF462025.1	99
79	*B. cereus*	MH169323.1	99
80	*B. cereus*	EF382364.1	99

UNIVERSIDAD CENTRAL MARTA ABREU DE LAS VILLAS

Facultad de Ciencias Agropecuarias (FCA)

Oficina de la Decana

☎: +53-42-281692 ✉: arahiscl@uclv.edu.cu

🖳: http://www.uclv.edu.cu/facultades/facultad-de-ciencias-agropecuarias/

DICTAMEN

En el Consejo Científico de la Facultad de Ciencias Agropecuarias (FCA) de la Universidad Central “Marta Abreu” de Las Villas (UCLV), celebrado el día 10 de marzo de 2025, se aprobó por unanimidad **(Acuerdo No. 17/2024)**, avalar la propuesta de monografía “***Bacillus endófitos* asociados a *Theobroma cacao* L., como agentes de biocontrol de *Moniliophthora roreri* H.C Evans *et al*”**, presentada por el **Dr. C. Alexander Bernal Cabrera**, Profesor Titular y Jefe del Grupo de Investigaciones de Sanidad Vegetal del Centro de Investigaciones Agropecuarias (CIAP), FCA, UCLV.

La monografía tiene como objetivo brindar información técnica actualizada sobre algunos de los aspectos más interesantes relacionados con la moniliasis, su agente causal y el uso de bacterias endófitas del género *Bacillus*, como medida alternativa de control biológico. Se resalta que es una enfermedad endémica que ataca específicamente a las mazorcas de cacao (*Theobroma cacao*). Los resultados obtenidos por diferentes autores en la temática durante más de cinco años de experimentación en una zona productora de *T. cacao* de la provincia de Esmeraldas en Ecuador, son debatidos, haciendo énfasis en la novedad que tendrán los mismos para el lector ya que ha sido este último aspecto muy poco tratado por la ciencia en relación con tan importante problema fitosanitario. Finalmente se brindan recomendaciones prácticas para el manejo de la enfermedad, tales como el empleo de las bacterias *Bacillus* sp.33 y B. amiloliquefaciens 24 en condiciones de campo. Esta contribución servirá como material de consulta, preparación y capacitación de productores privados y estatales, así como los docentes e investigadores de diferentes entidades.

Y para que así conste firman la presente,

Dr. C. Ahmed Chacón Iznaga
Secretario del Consejo Científico
Facultad de Ciencias Agropecuarias
Email: ahmedci@uclv.edu.cu

FCA

Dr. C. Raciel Lima Orozco
Presidente del Consejo Científico
Facultad de Ciencias Agropecuarias
Email: raciello@uclv.edu.cu

Printed by Books on Demand GmbH, Norderstedt / Germany